阅读成就梦想……

Read to Achieve

BREAKPOINT

Why the Web Will Implode, Search Will be Obsolete, and Everything Else You Need to Know about Technology is in Your Brain

断点

互联网进化启示录

【美】杰夫·斯蒂贝尔（Jeff Stibel）著

师蓉 译

中国人民大学出版社

·北京·

"这是一本优秀的读物！它很有趣，非常吸引人，充满了新鲜事实和聪明的见解。"

丹尼尔·吉尔伯特（Daniel Gilbert）
《哈佛幸福课》的作者、哈佛大学社会心理学家

"《断点：互联网进化启示录》是将互联网与自然网络的兴亡进行比较，我们都应该从中吸取教训，因为我们越来越依赖于互联网。"

乔恩·斯图尔特（Jon Stewart）
BBC《科学在行动》节目的主持人、《BBC 未来》的专栏作家

"脑科学家杰夫·斯蒂贝尔运用丰富的案例来回答'网络为什么会崩溃'、'搜索为什么会过时'这些问题。作为提供脑机接口的企业家，他刻画了大脑和不同主题的相似之处，如切叶蚁的大型建筑结构，复活节岛居民的崩溃。"

戈登·贝尔（Gordon Bell）
现代"小型机之父"美国国家技术奖获得者，《全面回忆》的作者

"斯蒂贝尔对生物网络（包括我们大脑的神经网络）敏锐的洞察力，为新兴的技术网络提供了完美的模拟。断点一直是生物学中生物成功和灭绝的重要原因，而斯蒂贝尔已经证明在数字化世界中也是如此。《断点：互联网进化启示录》是一本耐人寻味的图书，也是生活在互联网时代的我们必读的书。"

阿希什·索尼（Ashish Soni）
南加州大学创新研究院的创办人

Breakpoint
Why the Web Will Implode, Search
Will Be Obsolete, and Everything
Else You Need to Know About
Technology Is in Your Brain

|本书赞誉|

"这本书从在计算、沟通、预测能力和模式识别等方面将互联网与人脑进行类比。本书如此吸引人的原因是，作者使用简单的话语清晰地说明了一个非常复杂且瞬息万变的主题。《断点》非常具有创造性、非常令人兴奋且非常有用。"

比尔·德雷珀（Bill Draper）
希尔风险投资公司的创始人、《创业公司的游戏》一书的作者

目录 CONTENTS

1

驯鹿与网络：

所有的网络都必经历断点

成长是成功的核心宗旨。但是，我们经常因为不断追求成长而破坏最伟大的创新。一个想法会经历出现、生根、跨越鸿沟、触及断点，然后再以看似无限的潜力迅速成形的过程。但我们所有人都会忽略一点，即衡量进度的单位不是大小，而是时间。在大多数情况下，它最终都会走向自我毁灭，人类的想法也会像地衣那样被耗尽。

| 驯鹿网络的彻底崩溃

1944 年，美国海岸警卫队将 29 头驯鹿带到了位于阿拉斯加海白令海的圣马太岛上。这座岛上覆盖着驯鹿爱吃的地衣，在这里，驯鹿可以吃饱、长大，进而迅速繁殖。到了 1963 年，岛上驯鹿的数量已经超过了 6 000 头，而且它们要比在自然环境中生长的驯鹿胖得多。

由于圣马太岛上没有人类居住，因此美国海军在 1965 年 5 月派出了一架飞机，希望可以拍摄到这些驯鹿。不过，机组人员根本没有找到任何一只驯鹿，他们认为这是受山区地形的影响，飞行员飞行高度不够所致，却没有意识到，此时的岛上只剩下 42 头驯鹿了。而且岛上覆盖的不再是地衣，而是累累鹿骨。

圣马太岛上的驯鹿网之所以崩溃正是种群增长过快且资源消耗过多的结果。当驯鹿消耗的地衣超过自然界可以补充的地衣时，它们就超过了关键点——断点。因为它们对自己的状况一无所知，所以仍在不断地繁殖，并消耗着有限的资源。驯鹿摧毁了它们自己的生活环境以及生存能力。又过了几年，剩余的 42 头驯鹿也死了。它们的网络彻底崩溃，再也无法恢复了。

在正常野外环境中生存的驯鹿就不会遭受这种困境。北美的驯鹿会不断迁徙，它们吃完了一个地区的地衣后，就会迁移到另一个新的地区。这种迁徙使已经消耗的地衣可以在驯鹿返回前得到补充。但是，在岛上生活的驯鹿是无法迁徙的。

大自然绝对不会让环境恶化到无法恢复的程度。生态系统通常会保持生命的平衡。植物会制造动物赖以生存的氧气，而动物则会产生植物所需要的二氧化碳。从生物学角度来看，生态系统创造了动态平衡。但是，一旦将生物放到正常环境之外，就会产生混乱。所以，我们不能在飞机上携带水果和蔬菜；将宠物带到另一个国家之前，必须先隔离几个月；同样，驯鹿也不应该被放在偏远的岛屿上。

动物的繁殖和它们可以食用的食物大都是由基因决定的。正因如此，我们的祖先才会从树上爬下来，开始直立行走。这样做是有好处的，因为当时食物非常匮乏，所以当我们发现一些食物时，唯一要做的就是赶紧吞下。当我们吃得更多时，我们的大脑就会变得比其他灵长类动物更大。这确实是一件好事。但是，大脑消耗的能量要远远多于身体其他部位所消耗的，而我们的大脑就只有这么大，超过了所需的能量后，卡路里的增多实际上是有害的。这给站在食物链顶端的人类带来了一个问题，

> 大自然绝对不会让环境恶化到无法恢复的程度。生态系统通常会保持生命的平衡。和驯鹿不同的是，我们有足够的智力来理解这个问题，找到断点，并防止崩溃。

断点：互联网进化启示录
Breakpoint:
Why the Web Will Implode,
Search Will Be Obsolete,
and Everything Else You
Need to Know About
Technology Is in Your Brain

Breakpoint : Why the Web Will Implode, Search Will Be Obsolete, and Everything Else You Need to Know About Technology Is in Your Brain

即我们什么时候应该停止进食呢？当然是在我们不想吃的时候。目前发达国家病态性肥胖的人越来越多。但是，我们仍然在创造更好的食物源，创造不需要过多咀嚼就能摄入更多卡路里的方法。

大自然不会帮助我们，因为这并非进化问题。因吃得太多而产生的问题大多出现在我们繁殖之后，这时进化对我们来说已经不重要了。我们需要自己解决这些问题。这恰恰是我们需要这么大的大脑的原因。和驯鹿不同的是，我们有足够的智力来理解这个问题，找到断点，并防止崩溃。

| 越大未必越好：无法承受的信息超载

并非只有生命体才是有限的。我们无法看到或感觉到的东西、看起来没有界限的东西其实都有着各自的界限，例如，知识。我们的大脑只能吸收有限的知识。知识确实是好东西，但是超过了某个点，知识也是有害的，心理学家将它称为"信息超载"。它已经成为信息化时代一个日益严重的问题。如果在书架上摆放了太多的书，那么再坚固的书架也会承受不住的。

我们已经习惯于认为越大越好，几乎在所有领域都是如此。在我们试着创建人工智能时，开始总是想将尽可能多的信息装载到计算机里。当机器无法理解这些信息时，我们就会目瞪口呆。当我们无法得到想要的结果时，就只会添加更多的数据。所有人都相信：最聪明的人是那些拥有最多学位、博闻强识的人，最强壮的人是那些拥有最健壮肌肉的人，而最有创意的人则是那些拥有最多想法的人。我们听说过德国专利局职员爱因斯坦的故事。我们将爱因斯坦一类的人称为大师或者异类，而他们都是在体力和智力上达到了平衡的个体。

并非只有生命体才是有限的。我们无法看到或感觉到的东西、看起来没有界限的东西其实都有着各自的界限，例如，知识。但是超过了某个点，知识也是有害的，心理学家将它称为"信息超载"。

断点：互联网进化启示录
Breakpoint:
Why the Web Will Implode,
Search Will Be Obsolete,
and Everything Else You
Need to Know About
Technology Is in Your Brain

成长是成功的核心宗旨。但是，我们经常因为不断追求成长而破坏最伟大的创新。一个想法会经历出现、生根、跨越鸿沟、触及断点，然后再以看似无限的潜力迅速成形的过程。但大多数情况下，它最终都会走向自我毁灭，人类的想法也会像地衣那样被耗尽。

技术可能不需要食物来存活，但它也是有限的。能量是重要的消耗界限，我们都看到了忽略它会对环境产生怎样的影响。实用性也是一个关键的限制：某种东西超过断点越多，对它的使用就会变得越麻烦。网络（如互联网、Facebook 和 Twitter）用户本身通常就是问题所在。一个网络上有太多用户就会造成拥堵，这与在繁忙的公路上出现拥堵是一个道理：最终会造成整个网络的瘫痪。我们的目标是在断点之前尽快增长（技术专家将其称为高增长），而不是无限制地增长。然后，我们要停止增长，并从稳定的规模中获利。

增长过快所带来的问题与商业和经济紧密相关，就像它

Breakpoint : Why the Web Will Implode, Search Will Be Obsolete, and Everything Else You Need to Know About Technology Is in Your Brain

如果我们仔细聆听，就能听到大自然给我们的教训：最小的物种才是最适合生存的。

们在技术和生物中所表现的那样。人们通常认为，健康的经济体系必须是不断增长的，否则就是经济衰退。通货膨胀已经成为经济健康的指标，但增长和健康不是一回事。事实上，从长远来看，健康的通货膨胀也是有害的。这是因为建立在制度上的很多系统都被迫超越通货膨胀：债券的增长率必须大于通货膨胀；股票的增长率必须超过债券的收益率；公司的增长率必须超过他们股票的利率。几乎没有企业能在这样的经济环境中保持所需的高增长。这一切会让我们的生态系统失去平衡：1925 年在纽约证券交易所上市的企业中，现在只有 65 家以独立企业存在。

| 经历断点之后

本书介绍的并不是失败，甚至不是断点。本书介绍的是发生在断点之后的事情。我们无法也不应该避免断点，但它们可以被识别。所有成功的网络都会经历断点，有些失败了，但很多都取得了巨大的成功。例如，大脑在快速增长后开始缩小，我们因此获得了智慧。我们在孩提时建立的神经和神经连接，让我们在成年后变得聪明。如果没有这个过程，我们就不会变聪明。我们应该听从的警告是不要试图避免断点，而是要避免断点后做出太多的扩展。增长并不是一件坏事，除非你将它当成你的唯一。

> 互联网不仅是 20 世纪最大的技术革命，还可能是 21 世纪创新的推动力。但很多技术和企业当前所依赖的互联网正在接近断点。因此，我们应该听从的警告是不要试图避免断点，而是要避免断点后做出太多的扩展。

断点：互联网进化启示录
Breakpoint :
Why the Web Will Implode,
Search Will Be Obsolete,
and Everything Else You
Need to Know About
Technology Is in Your Brain

了解人类创建的复杂网络的最佳方式是研究生物系统。本书介绍的并不是生物学，但我们会以动物界的示例来加以说明——鹿、蚂蚁、蜜蜂，甚至是细胞生物学。本书的重点是技术：如何识别网络是否达到断点，出现这种情况时应该怎么做，如何才能成功。本书围绕的是互联网，它不仅是 20 世纪最大的技术革命，还可能是 21 世纪创新的推动力。很多技术和企业当前所依赖的互联网正在接近断点。这对我们来说并不是一个好消息。好消息是断点会给我们带来更好的东西，我们可以让大自然告诉我们它们是什么。

如果我们仔细聆听，就能听到大自然给我们的教训：最小的物种才是最适合生存的。和最大的动物相比，最小的昆虫在世界上存在的时间更长。蚂蚁、蜜蜂、蟑螂这些物种比恐龙存在的时间还要长；它们可能在人类消失之后还会存在于世界上。从有生命开始，单细胞生物就一直存在着，也许要等到地球毁灭后，它们才会消失。最致命的动物是蚊子，而不是狮子。从长远来看，较大的往往都不太好。

我们忽略（所有人都会忽略）了一点，即衡量进度的单位不是大小，而是时间。

蚁群、大脑和互联网：

断点之后是毁灭还是重生

蚁群、其他动物、大脑和互联网都是网络，它们都遵循相同的增长、断点和平衡模式。刚开始时它们的规模很小，接着它们就会呈指数式增长，直到达到超载和崩溃的那个断点。成功的网络经过很小的崩溃后，就会出现一个达到平衡的、更强大的网络，进而在摆动的过程中达到理想大小。

| 蚁群智慧的不解之谜

黛博拉·戈登（Debora Gordon）喜欢观察蚂蚁。有一年她离开斯坦福大学，告别她的两个孩子，带上镐头，开着挖土机，与本科生一起来到了亚利桑那沙漠。她在她的研究网站上给上百个蚁群编了号，而这些编号都被标记在蚁巢附近的石头上。戈登和她的学生们还给蚂蚁做记号。他们使用一种日本马克笔，在蚂蚁的背上涂上特殊的颜色。在过去的 30 年间，黛博拉·戈登一直都在这么做。

几乎所有的孩子都会花时间盯着蚂蚁，想弄清楚为什么它们总是这么忙、为什么它们总是沿一条直线前进，为什么它们会突然出现在你进行野餐的地方。黛博拉·戈登就像这样的孩子，但与我们不同的是，她整个成年阶段都在寻找这些问题的答案。几年之后，戈登博士终于有了一些惊人的发现。

让蚁群如此有趣的原因有很多。蚂蚁已经在地球上存活了 1 亿多年，全球大约有 1.2 万个不同种类的蚂蚁；除了南极洲之外，在其他各大洲都能看到它们。它们会相互交流、自我防卫，还会移动很长一段的距离来寻找食物。它们是出现在传说中的动物——《旧约》《古兰经》《伊索寓言》和马克·吐温的小说中都提到过它们。这些小生物是如何建立这么大的名气的？

通过研究蚂蚁的行为，戈登博士成功地找到了真相。结果证明，现实生活远比童话故事或皮克斯动画电影更耐人寻味。这一切都是从长有翅膀的雌蚁离开蚁巢开始的，她会与多只雄蚁交配，而雄蚁在交配后会马上死去。交配后，雌蚁就会飞到某个合适的地方，褪去她的翅膀，在泥土里挖一个洞来产卵。她会精心照看第一批卵，护理它们到成年。

这些蚂蚁成年后，就会开始觅食、挖掘并维护它们的蚁巢、照顾幼虫和卵。原来的雌蚁会成为这个蚁群的蚁后，她住在蚁巢的深处，唯一的职责就是产卵。她每年都会持续不断地产卵，蚂蚁的数量在前 5 年会迅速增长，它们都是蚁后的子女。

下面的发现相当有趣，而黛博拉·戈登是第一个弄清楚这一切的人。蚁后会存活（并持续不断地产卵）15~20 年，但第 5 年后，蚁群就不再增长（戈登博士是如何知道的？她挖开过每一个已知岁数的蚁群，还数过所有蚂蚁的数量）。蚁后会持续不断地产卵，但这些卵不是取代年老的蚂蚁（工蚁只能活一年左右），就是被送出蚁巢交配并创建自己的蚁群。蚁群拥有自己的断点。

当你看到一只蚂蚁搬着有自身 3 倍大小的面包爬过桌子时，你可能会认为普通的蚂蚁也有智慧。蚂蚁确实很强壮，

这个微小的生物机器——蚂蚁，虽然不聪明，却能完成非常复杂的任务。成熟的蚂蚁作为群体（而不是个体）行动时，就会表现出极大的智慧。当蚁群大小超过其断点时，就会有越来越多的迹象表明蚂蚁拥有集体智慧。

断点： 互联网进化启示录
Breakpoint:
Why the Web Will Implode,
Search Will Be Obsolete,
and Everything Else You
Need to Know About
Technology Is in Your Brain

但并没有智慧。正如戈登博士所说："蚂蚁不聪明。"单独来看，蚂蚁并不聪明。蚂蚁的大脑中大约只有 2.5 万个脑细胞（而青蛙有 1 600 万个脑细胞）。

虽然不够聪明，但蚂蚁却可以完成一些非常复杂的工作。当蚁群大小超过其断点时，就会有越来越多的迹象表明蚂蚁拥有集体智慧。它们通过称为信息素的化学物质进行交流，将信息传递给另一只蚂蚁。它们根据其他蚂蚁所传送的信息来决定要承担的任务。它们似乎能穿越时空，与蚁群中未来的蚂蚁共享信息，也就是说，它们拥有某种集体记忆（生物学家还未确定它是如何起作用的）。蚁群能够学习并记忆复杂的路线，在觅食结束后原路返回。它们会保护蚁后、捍卫领土。它们还会清洁并维护蚁巢，养育那些最终会脱离蚁群、进行交配并创建新蚁群的幼虫。

因此，这个微小的生物机器——蚂蚁，虽然不聪明，却能完成非常复杂的任务。成熟的蚂蚁作为群体（而不是个体）行动时，就会表现出极大的智慧。事实证明，蚂蚁的智慧在于集体，而不是个体。"蚂蚁不聪明"，但蚁群却有足够的智慧。拥有 1 万只收获蚁的蚁群拥有 250 亿个神经元，是一只黑猩猩神经元数量的 5 倍。达到断点后，蚁群的智慧就足以媲美最复杂的大脑。蚁群会计算时间，还可以进行复杂的导航（在没有 GPS，甚至视力不佳的情况下）。它们能有效地管理公共卫生、经济、农业，甚至是战争问题。

蚁群智慧常常会给我们带来许多不解之谜。蚁群停止增长后，蚂蚁为什么会变聪明？为什么蚂蚁会创建新的蚁群，

而不是保持原有蚁群的增长？在蚁群增长达到其断点后，它
们是否会越来越聪明？最重要的是，蚁群的智慧是如何产
生的？

| 最复杂的网络：我们的大脑

当然，你应该已经完全了解网络了，因为你的大脑中就
有一个非常复杂的网络。我们的大脑可能是最复杂的网络，
但和蚁群一样，它们也有不完善的部分。

直到不久前，大脑对我们来说
仍是一个谜。近50年来，随着大
脑成像技术的出现，我们才得以研
究大脑。在此之前，我们将大脑看
成是未知的、超越科学的，甚至是
神秘的东西。现在仍然有很多人这
么想。我们很容易将心脏比作泵，
将眼睛比作摄像机镜头，将骨关节比作铰链。但我们应该将
大脑（静静地躺在脑壳中、重约 1.7 千克的粘性物质）比作
什么呢？蚂蚁！

大脑只是一个具有特殊结构的普通器官。与由蚂蚁组成的
蚁群一样，大脑基本上就是一个由神经元组成的巨大网络。人

我们的大脑会定期清理那些最弱的
连接，并除去那些有缺陷的神经元，它用
质量来交换数量，在无需扩大容量的情况
下，让我们变得更聪明。当大脑停止增长
并在数量上达到一个平衡点时，其质量就
会开始增长，我们就会拥有智慧。

断点：互联网进化启示录
Breakpoint :
Why the Web Will Implode,
Search Will Be Obsolete,
and Everything Else You
Need to Know About
Technology Is in Your Brain

脑中大约有 100 亿个神经元，每个神经元都不超过 1 毫米。单个神经元非常愚蠢——每个神经元都只会做一件事：连接和断开。然而，把这些神经元集合起来就能够进行强大的计算、决策、传输和存储信息。单个神经元可以通过化学物质（就像蚂蚁一样）和电流进行传输。这些紧凑的神经元一起工作，就可以形成允许我们思考、移动和交流的模式。戈登博士这样描述蚁群："好像它们会给彼此发送一些没有任何内容的 Twitter 消息，它们通过触角接触频率来决定接下来该做什么。它是一个通信系统，其接触本身就是所要传送的消息。"这同样适用于大脑的神经元。

与蚁群类似，人类的大脑刚开始时会迅速生长。早期的生长有助于创建网络连接。我们所说的是彼此连接百万亿次的 100 亿个神经元。这些连接只是传送或断开信息的方式，这就是思维语言。把足够多的简单消息组合起来，很快就能变成复杂的消息：将大脑区域中的 300 021 个放电神经元（被连接的神经元）和 22 011 个抑制（"断开"）神经元结合起来，就能生成一条非常复杂的消息：不要忘记关炉子。

但是，不要以为是神经元让我们比组成蚁群的蚂蚁更聪明。如果没有所属的网络，蚂蚁和神经元就没有任何作用，它们会自生自灭，例如不属于蚁群的蚂蚁会一直循环反复，直到筋疲力尽而死。人类的大多数神经元都是在出生时形成的，但它们仍然处于虚弱的婴幼儿时期。网络连接也不会让我们变聪明。当我们变老时，就会失去绝大多数连接。大脑会定期清理那些最弱的连接，并除去那些有缺陷的神经元，这个自然过程称为"细胞自杀"。它用质量来交换数量，在无需扩大容量的情况下，让我们变得更聪明。当大脑停止增长并在数量上达到一个平衡点时，其质量就会开始增长，我们就会拥有智慧。

这是一个值得重复说明的重要生物学观点：大脑缩小时，人类就变得更聪明。戈登博士研究的收获蚁也是如此。蚁群在第5年就会达到平衡点，其中的蚂蚁数会一直保持在1万只左右。要记住的是，蚁群停止增长时就会开始复制——成熟的雌蚁和雄蚁会被送到蚁巢外，它们会交配并创建新的蚁群。这可以防止原来的蚁群变得过大。此时，蚁群中就会出现一些变化，这就像是人脑的神经网络，它们对各种事件的反应变得更快、更精确、更一致。

戈登博士之所以了解这一切，是因为她亲自骚扰过这些蚂蚁——弄乱它们的蚁巢、在蚁巢附近放置牙签……当她对已经存在了5年以上（也就是说，已经达到平衡状态）的蚁群进行实验时，它们能一直保持一致的反应。戈登博士这样说道："它们协调得很好，即使是发生更糟糕的事情时也是如此。我越骚扰它们，它们表现得越泰然自若；然而比较年轻、比较小的蚁群，相对而言变化就较大。"

在完成了爆炸式增长阶段后，蚁群就开始将它们的重心从数量转移到质量上。蚁群自身变成了类似于人脑的智能网络。当你观察大自然的其他生物时，就会发现所有的生物网络都是采用这种模式。

| 互联网是蚁群，也是大脑

在技术史上，我们常常将大自然作为创新的指南。我们受鸟的启发发明了第一架飞机，受心脏的启发发明了泵，受眼睛的启发发明了镜头。因此，最伟大的技术也来源于自然这个事实也就不足为奇了。

互联网创建于 20 世纪 60 年代，但直到 1993 年万维网（World Wide Web，WWW）出现后，它才得到了广泛使用。从进化论的观点来看，互联网还很年轻。但大多数人都无法想象没有互联网的生活。最近的一项调查发现，人们更愿意放弃咖啡、睡眠、电视，甚至是性爱，也不愿意放弃上网。美国塔夫茨大学的哲学家丹·丹尼特（Dan Dennett）将它比作外星人入侵：我们被劫持为人质，并自愿放弃最原始的需求和欲望。一些心理学家声称，人类创建了重塑大脑的技术。尽管互联网影响着我们的生活和事业，但很多人都不知道它是什么，也不知道它的发展历程。

顾名思义，互联网从根本上来说就是网络。它只是用电脑代替了黛博拉·戈登的蚂蚁，用宽带线路代替了信息素。虽然互联网是革命性的创新，但它一点儿都不复杂。互联网是两种核心技术的组合：电脑和电话。电话是通信工具，而电脑则用于计算和存储。将它们组合在一起就有了你正在使用的互联网。

与蚂蚁不同的是，互联网已经发展到了很大的规模。全

球有 24 亿人在线浏览 6 亿多个网站。去年 YouTube 网站的
访问量已经超过 2000 年整个互联网的访问量。我们的在线
本地音像店奈飞（NetFlix）的访问量比 YouTube 还要高。
Facebook 的用户数量要比 2004 年整个互联网的用户还要多。
移动互联网访问量在 2012 年增长了 70%，现在已经达到了
2000 年全球互联网访问量的 7 倍。

互联网使用传输控制协议
（Transmission Control Protocol，TCP）
来处理这种增长，该协议虽然鲜为
人知，但却十分重要。TCP 是一种
简单优雅的网络技术，使用它可以
有效地进行信息传输。它会监测信
息检索的速度，并以相同的速度传
送附加信息。如果信息流很快（当
时上网的人相对较少），信息返回
就会很快；否则，TCP 就会减慢互联网的速度。这样它就能
创建一个平衡状态，以避免互联网变得拥挤从而导致瘫痪。
正是因为有了 TCP，互联网才可能从几台计算机发展到今天
数以亿计的规模。能够取代 TCP 的可能是不间断的障碍，正
如拥堵的高速公路入口匝道没有信号灯一样。

互联网从根本上来说就是网络。它
只是用电脑代替了蚂蚁，用宽带线路代替
了信息素。由两种核心技术——电脑和电
话组成。正因为有了 TCP，互联网才可
能从几台计算机发展到今天数以亿计的规
模。能够取代 TCP 的可能是不间断的障
碍，正如拥堵的高速公路入口匝道没有信
号灯一样。

断点：互联网进化启示录
Breakpoint:
Why the Web Will Implode,
Search Will Be Obsolete,
and Everything Else You
Need to Know About
Technology Is in Your Brain

1974 年两位互联网先驱发明了 TCP，但是这项技术在数
百万年前的进化过程中就被发现了。2012 年，黛博拉·戈登
和她的一名同事意识到，蚂蚁就使用 TCP 来觅食。蚂蚁到蚁
巢外面是为了寻找食物，确保食物供应充足。当它们发现大

量的食物时，就会派遣更多的蚂蚁来觅食；当食物不足时，TCP 就会限制蚂蚁数目。戈登和她的同事预见性地将她们的发现称为"蚁群网络"（the anternet）。

并非只有 TCP 具有蚁群网络的特征。大脑也会调节信息流。事实上，大脑中有限制信息流速率的 TCP 过滤器。大脑会根据神经反馈来调节信息传输。也就是说，每个神经元都会根据网络的容量和需要完成的任务来调节信息流。

互联网实际上就是一个大脑。这个比喻从很多方面来看都是成立的，当然也包括 TCP。你可以进一步比较互联网中的电脑和大脑的神经元。电脑由宽带连接，而神经元是由轴突和树突相互连接起来的。我们的记忆系统和记忆之间的分布式链接，与网站和它们各自的链接相似。最美好的记忆、最受欢迎的和相关的记忆拥有的链接最多。谷歌创始人使用这个技巧创建了谷歌搜索算法，他们的理由是可以根据某个网站拥有的链接数，来研究网站链接并确定其相关性。

互联网是允许存储、计算和通信的网络。如果你拥有智能手机或笔记本电脑，那么你就是互联网的一部分，就像麻省理工学院的主机一样。需要说明的是，大脑也是如此。当你把大脑分解成基本结构时，它就像是互联网：一个计算、存储和通信的设备。蚁群也是如此。互联网是蚁群，也是大脑。

| 所有网络的必经阶段

我的整个职业生涯都遵循一条曲线。它并非正态分布曲线，实际上，它一点都不像钟形。它是不规则的，我经常在科学研究中看到它——先是在博士生时代，接着是在我的研究中，最后是在我的主要研究领域之外。从我开始工作后，它就无处不在，但我不了解它的含义。虽然技术圈中很少有人提及它，但它一直存在。这条曲线出现在大脑、蚁群、互联网和其他所有的网络中。它是网络曲线，如图 2—1 所示。

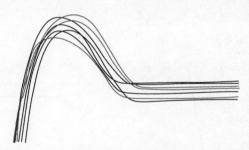

图 2—1　网络曲线

所有的生物网络都遵循相似的方式，并服从简单的自然规律。技术网络也是如此。令人惊奇的是这些网络的可预见性，虽然我们几乎不使用这些可预见性来改进技术。TCP 的生物学基础从数百万年前就已经出现，而我们对它们的了解是从 100 多年前开始的。但我们确实从头开始发明了互联网的 TCP，这是一个非常艰难的过程。我们无需好奇互联网（或其他网络）是否能让我们预知未来，因为它确实可以。

　　并非只有互联网（甚至只是技术）因我们对网络运作方式的了解而受益。通过了解未来会发生什么，所有的企业、消费者和个人都能在动荡中保持领先地位，并创造出成功的环境。虽然网络非常神秘，但它们也是可以预测的。

　　网络定律很好理解，而且它可以让我们预测某个网络的发展方向（见图2—2）。想知道朋友们是否在 Facebook 吗？想知道你未来5年是否还会使用谷歌吗？苹果公司是否会继续保持领先地位？未来会有什么大突破？我们可以在生物网络中找到所有这些问题的答案。

> 所有的生物网络都遵循相似的方式，并服从简单的自然规律。技术网络也是如此，遵循着相同的增长、断点和平衡模式。

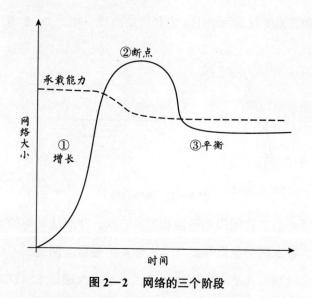

图2—2　网络的三个阶段

　　所有成功的网络都会经历三个阶段：首先，网络会呈指数式增长；接着，网络会到达断点，这时它的增长已经超过负荷，其大小必须有所降低（轻微或显著）；最后，网络会达到平衡状态，会理智地在质量上（而不是数量）增长。

第一阶段：增长

网络、蚁群和大脑都是从小规模开始、稳步增长，然后激增。自然界的所有物种都会尽量繁殖，直到达到资源可负荷的最大程度。这种增长开始时可能是线型的，但很快它就会变成指数式增长。在达到环境所能承受的最大数量（即生态系统的承载能力）之前，植物、动物、酵母菌和脑细胞会毫无阻碍地增长。

如果将细菌放在具有营养物质的培养皿中，细菌数量每分钟都会成倍增长，直到将培养皿填满，整个过程只需要一个小时左右。人脑的神经元在子宫内会迅速增长（称为神经系统发育），这时大脑中最多可拥有 1 000 亿个神经元。胎儿每秒可产生 25 万个神经元。

这种情况的产生有其进化方面的原因，而生物的生存往往取决于它。这个世界充满了竞争，要战胜潜在的竞争对手，最好的方法就是耗尽生存需要的所有资源。否则，其他生物就会利用这些资源发展壮大，最终侵占你生存所必需的资源。技术和企业也是如此；如果你不主导市场，就会为潜在的竞争者提供发展壮大的机会，他们最终会抢占你的市场。如果你是垄断者，就可以通过垄断来防止竞争，在企业和大自然中都是如此。

还记得互联网刚出现的时候吗？刚开始它只是由几台计算机相互连接而成的网络，增长缓慢，但不久之后就开始迅速发展壮大。2000 年左右，连接到互联网上的设备数量激增，在 8 年间增加到了 50 亿。连接到互联网上的设备甚至比全世界的人口还要多。

这个世界充满了竞争，要战胜潜在的竞争对手，最好的方法就是耗尽生存需要的所有资源。否则，其他生物就会利用这些资源发展壮大，最终侵占你生存所必需的资源。技术和企业也是如此。

大多数网络都是在这个指数增长的阶段灭亡的。在这个阶段，生物学中的物种会被自然优胜劣汰。几乎没有任何生物能与确保可持续发展的增长曲线相匹配。95% 的技术创新都无法通过这个关键阶段。

回顾过去，我们就能清楚地看到谷歌、Facebook、Twitter 和 Instagram 在初期的飞速增长。但除了这些成功的企业外，还有很多公司在尚未增长到他们的承载能力之前就灭亡了（例如，Eons.com、eToys 和远景公司）。当某个环境中有过剩的承载能力时，就会出现竞争对手。就像在大自然中那样，达尔文的生物进化论选择也会淘汰不适当的技术。

第二阶段：断点

网络很少以精确有序的方式接近其极限。这主要有两个原因：第一，指数式增长很难控制，对大自然来说尤其如此；第二，网络通常都是在超过其生存环境的承载能力后，才会有所察觉。这通常就是限制的特征——识别某个限制的唯一方法就是超越其界限。这就是网络断点（当它超出其生存环境的承载能力时）如此重要的原因。

好好想一下，你知道在公司节日派对上只能喝两杯酒的唯一方式是，去年你喝了 4 杯，显然喝多了。某个城市确定限速的唯一方式是确定不安全的速度，并从中减去几公里。如何确定电梯的承重？如何确定比萨饼制作的最高温度？因为有人多次超过了限制，结果导致不好的结果出现了。

生物网络的增长几乎都会超过环境的承载能力，进而超越它们的界限，这在生态学中称为"超载"。技术和大自然也是如此。蚂蚁如何得知蚁群数量已经达到了最大值？一旦蚁群数量超出最大值，就会导致拥挤、噪音和混乱的产生。这时，蚂蚁就知道应该将雌蚁送出去新建一个蚁群。

大脑会通过减少神经元和神经系统的连接来进行类似的淘汰。一个 5 岁的小孩拥有将近 1 000 万亿个神经系统连接。通过选择淘汰的过程，到成年时，这 1 000 万亿个连接最终会减少为 100 万亿。

因此，对于蚂蚁和大脑来说，将第二阶段描述为"过载和淘汰"或"过载和崩溃"再合适不过了。那么断点如此重要的原因是什么？因为一旦超过承载能力，一切就都会改变。最重要的是确定断点的位置并采取相应的行动。我们的目标是找出断点，并减少过载引起的冲突。

承载能力是可以恢复的。如果你远远超出断点，承载能力将会朝着相反的方向，按比例减少。这种

> 断点如此重要的原因是什么？因为一旦超过承载能力，一切就都会改变。我们的目标是找出断点，并减少过载引起的冲突。

情况下的减少真的会发展成为灾难性的崩溃。但是，如果你能找出断点并限制其增长，网络就会逐渐减小到可观的水平。在调查研究中，我们发现没有人想成为灾难性崩溃的一部分，对于生物和技术网络来说，这种崩溃通常都是致命的。

考虑一下在 MySpace 中发生的事情。它的增长超出了控制，3 年间用户就增长到了 1 个亿。普通用户的好友数增长到

了 200，泛泛之交和素不相识的人也在同一时间不断增长。主菜单中的导航框架增加到了 15 个，而服务箱中的导航框架增加到了 28 个。MySpace 页面因自动播放的音乐、视频、花哨的墙纸和其他小部件而凌乱不堪。它太过于混乱，以至于无法进行导航——MySpace 的增长远远超出了其断点。MySpace 崩溃的图形与圣马太岛上驯鹿的崩溃非常相似（见图 2—3）。

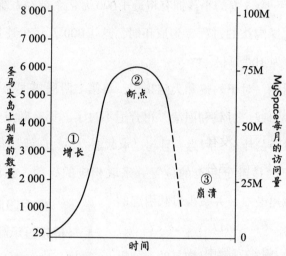

图 2—3　网络崩溃：MySpace 和圣马太岛上的驯鹿

第三阶段：平衡

除非有自然灾害，否则这种状态下的生物网络一般都不会崩溃。有些崩溃是因为受到了人工干扰的影响。要记住，驯鹿是被人类带到圣马太岛上的，大自然并没有把驯鹿放在圣马太岛上。同样，MySpace 也是人类发明的。

蚁群、其他动物、大脑和互联网都是网络，它们都遵循相同的增长、断点和平衡模式。刚开始时它们的规模很小，接着它们就会呈指数式增长，直到达到超载和崩溃的那个点。成功的网络经过很小的崩溃后，就会出现一个达到平衡的、更强大的网络，进而在摆动的过程中达到理想大小。

处于平衡阶段的网络还会继续增长，但这时增长的是质量（而不是数量）。网络大小的增长减慢时，其他方面的增长就会加快——例如通信、智慧和意识。这时就会出现真正神奇的事情。

即使是通过生物学，也很难理解网络的最后一个阶段。我们才刚开始学习生物系统的平衡，更不用说技术方面了。黛博拉·戈登第一次发现了蚁群的这些特性：蚁群的大小会保持稳定，蚁群没有中央领导，处于平衡状态的蚁群会拥有智慧。但是，没有人知道它是如何发生的。

这其中的部分原因是，人们驳回了智慧来源于某个网络的说法。当我们提及我们人类自己时，很容易说自己是智慧生物。虽然这有点以人类为中心，但对我们来说很自然。但当我们讨论大脑中的神经元时，我们的讨论就会开始陷入僵局。我们很难相信人脑的出现是神经元放电的结果。大多数人认为大脑是无法用科学解释的。还有一些人根本不相信神经元的科学证据是非常可靠的。

神经元科学为我们带来了关于智力的最基本原则的问题。如果我们接受"神经元让我们变得聪明"的观念，那么具有足够神经元的所有个体就都有智慧、理性，甚至是意识。当然"足够"这个词总是会引起大家的讨论。我们不认为一只只具有 1.8 万个神经元的海参或者是一只具有 25 万个神经元的蚂蚁拥有智慧。但是，一只具有 7 500 万个神经元的老鼠或一只具有 1 万亿个神经元的家猫呢？

那么来自一个群体（而不是一个大脑）的群体智慧怎么样？如果智慧来源于神经网络，那么该网络显然无需处于某个个体中。值得我们思考的问题是，具有上万亿个神经元的蚁群是否值得我们研究？是否蚁群才是生物体，而蚂蚁只是其中的一部分？这个问题的答案对其他网络也非常重要。如果我们接受了这样的观点，即虽然单个神经元没有智慧，但由它们组成的大脑却是智能网络；虽然单个蚂蚁没有智慧，但由它们组成的蚁群却拥有智慧，那么我们就是承认网络所拥有的智慧要远远超过组成它们的个体。如果确实是这样，那么互联网在达到了平衡后，就会获得智慧、理智和意识。

如果说网络所拥有的智慧要远远超过组成它们的个体，那么互联网在达到了平衡后，就会获得智慧、理智和意识。

| 有一种方法可以展望未来

1880 年，美国聚集了全球的权威专家，来预测 100 年后的纽约会变成什么样。那时的纽约正在进行快速的创业和创新。纽约市已经推出了首座高架列车，同时正在对地铁进行实验，还准备修建第一座摩天大楼——公正大楼（Equitable Building）。经过仔细考虑，专家们得出了一致的意见：纽约将在 100 年内毁灭。为什么会这样呢？

这是因为纽约市人口增长过快。纽约的人口网络从 19 世纪初的 3 万增长到了 400 万，也就是说每 10 年就要翻倍。专家们推断，如果按照这个速度继续增长，到 1980 年纽约市就需要 600 万匹马来作为人们的交通工具。但是，纽约当时已经面临着严峻的粪便问题了。当时纽约有将近 20 万匹马，每匹马每天要排泄 11 公斤粪便和 1 升尿液。由于需要更多的马匹才能满足人口增长的需要，因此 20 年后，这座城市将到处都是粪便。

由于某些原因，使我们很难预测到未来。首先，大多数人都只能根据相同的东西作出假设。我们很难进行长期预测，而且我们的大脑也无法胜任这一任务。我们使用当前的东西来预测未来，或者我们借助当前的东西并要有一些眼光（想一下能飞的汽车）才可以预测未来。几乎没有人使用新奇的方法来预测未来，在受到别人嘲笑的情况下更是如此。

> 互联网遍布全球，它占用了更多的能量，以更快的速度增长着，但却不会产生更多的垃圾。除了断点之外，还存在着新思路、新技术和新机会。因此，互联网也从创新中获益匪浅。

断点：互联网进化启示录
Breakpoint :
Why the Web Will Implode,
Search Will Be Obsolete,
and Everything Else You
Need to Know About
Technology Is in Your Brain

还有一种方法能展望未来。我们并不试着预测未来，而是会使用历史或生物学上的前车之鉴。我们可以通过回顾电子设备与印刷机的历史与融合，来预测电子书阅读器（例如 Kindle）的未来。我们可以通过观察鸟类，来预测人类总会学会飞翔。但是，不管是飞翔还是电子书，我们都是用自己的方式来完成的。

如今，出现了很多利用互联网的新技术和企业，而这些新技术和企业会将互联网的使用带入一个新的高度。大多数人会惊讶地发现，如今一个北美普通家庭的互联网流量是2008年全球总流量的5%。很难想象吧，如今20个家庭产生的流量，就相当于2008年整个互联网产生的流量。互联网遍布全球，它占用了更多的能量，以更快的速度增长着，但却不会产生更多的垃圾。正如纽约市通过汽车和公共交通的发明而避免了马匹作为交通工具的断点一样，互联网也从创新中获益匪浅，这些是我们尚未完全理解的东西。除了断点之外，还存在着新思路、新技术和新机会。

复活节岛、大脑
和互联网：
网络完成迁徙的创新之路

互联网不断演变、增长并提高其承载能力，但承载能力是有限的，因此，终会达到断点，耗尽"岛上的地衣"。正如大脑在过载和崩溃中获得智慧一样，互联网也可以。一旦这种情况发生，就有可能产生一种更小但更高效、更聪明的智能化互联网。

Breakpoint : Why the Web Will Implode, Search Will Be Obsolete, and Everything Else You Need to Know About Technology Is in Your Brain

| 经历文明崩溃的复活节岛

16世纪的复活节岛一片繁荣景象。复活节岛长期以来都被认为是世界上有人类居住的最偏远的岛屿，拥有丰富的自然资源，人们在这里过着宁静祥和的生活。这座岛最显著的特征是其覆盖着美丽的森林。岛上生长着几十种树木，这些树木多数会长到30米高。有树自然会有鸟，有至少25种鸟类将巢搭建在这些树木上，这里是它们安全、舒适的家园。

复活节岛的居民还使用林木建造房屋。他们是出色的木匠，擅于建造房屋和大独木舟，他们会乘着这种独木舟到周围的海域捕食金枪鱼和鼠海豚。当他们清理森林时，会留下一些树来乘凉，并把剩余的土地用来种植农作物。因此，复活节岛上的居民享受着丰富的饮食：鱼、蔬菜和各种谷物。他们都身强力壮，许多人甚至有点肥胖。

有化石证据表明，岛上人口繁荣，13世纪只有几百人，但到了17世纪就增长到了1.5万多人。但是，此时发生了一些糟糕的事情——复活节岛上的人口网络崩溃了。在不到100年的时间里，岛上就只剩下了2 500人。

虽然没有任何关于这段时期复活节岛居民的文字记载，但考古学家还是从他们挖掘出来的人工制品中发现了重要的线索。他们发现，那时岛上的树木已被砍伐殆尽，鸟类已经灭绝，周围海域也几乎没有鱼类出现了。通过挖掘垃圾场，考古学家们甚至发现，岛民开始相互残杀取食人肉。在人口网络崩溃前，在岛民们丢弃鱼骨和鸟骨头的地方，考古学家们发现了鼠骨头和人骨，而大多数人骨都是被劈开的，里面已经没有骨髓了（显然是被吃掉了）。这段时间到底发生了什么？

科学家认为，复活节岛上的人口数量达到了断点，并大大超过了环境的承载能力。虽然岛上的自然资源看似丰富，但生态系统要比岛民所认知的脆弱得多。大树是生长缓慢的品种，砍倒它只需要几分钟，但要重新生长起来却需要很多年。我们不知道是岛民不了解这一点，还是他们没有控制消耗，但结果都是一样的。岛民们使岛上的天然树木灭绝，并彻底毁灭了森林。森林的毁灭使在森林里筑巢的鸟类和其他小动物也随之灭绝。

岛上的居民往往都能靠海为生，而且复活节岛上的岛民都是出色的深海渔夫。但在没有大树建造或维修船只和独木舟的情况下，这一切都是不可能的。化石记录证实了这一点：岛民无法在海洋中捕鱼后，就开始收集岸边的贝类。但很快，这种食物资源也被过度开采了。

就连土地也被岛民过度使用了。在复活节岛的历史上，一直繁荣的农业也由于土壤侵蚀和养分耗竭而毁灭了。没有了周围森林的保护，所剩不多的农作物也开始经受酷日和大风的摧残。每年粮食的产量开始大幅度降低。1722 年抵达该地球本身就是具有最大固定承载能力的环境。生态学家提出警告，如果我们再不控制人口的增长和对自然资源的大量毁坏的话，那么我们终将走向和复活节岛居民相同的命运。

岛的欧洲人是这样形容岛上仅存的岛民的："他们瘦骨伶仃，极其可怜。"

复活节岛上的居民不仅挨饿，还经历了整个文明的崩溃，这将他们重新拉回到黑暗时代。没有树就意味着没有火、没有船，意味着他们的房子没有围墙，意味着他们无法对死者进行火葬。没有鱼和粮食的丰收就意味着他们会对祭司产生不信任，这些祭司曾经宣称是上帝提供了粮食的丰收，而作为与上帝有直接关系的他们应该拥有权力。我们可以想象得到，是谁首先被岛民们吃掉了。

食物的短缺导致了怨恨和战斗。仅仅繁荣了几代人的复活节岛居民开始陷入内战并同类相食。复活节岛是人口经历断点，最终导致崩溃的典型案例。

| 网络达到断点时究竟会发生什么

岛屿的环境决定其具有固定的承载能力，因此研究它们可以让我们真正了解某个网络达到断点时会发生什么。当然，地球本身就是具有最大固定承载能力的环境。生态学家提出警告，如果我们再不控制人口的增长和对自然资源的大量毁坏的话，那么我们终将走向和复活节岛居民相同的命运。

大脑也存在于一个具有固定承载能力的环境中。你可以将大脑想象成一个岛屿，但它并不是被水环绕，而是被我们坚硬的头骨所环绕。也就是说，大脑是在受约束的环境中运行的物理网络。不管从任何角度来看，大脑都被非常紧密地包裹着。成年人大脑中 1 000 亿个神经元的表面积与 4 个足球场相同。它会自己折叠起来，这就是它看起来有这么多皱褶的原因。

大脑的限制并不仅限于其大小。让我们稍微花点时间来思考这个问题：如果你的头骨像婴儿一样柔软，会怎么样呢？你最终会拥有一个让你比朋友们都聪明的巨大大脑？还是当它达到断点后，就会停止生长？结果是，如果它长得更大，那么你就会拥有和复活节岛居民一样的命运。这是因为大脑需要巨大的能量——虽然大脑只占我们体重的 2%，但它却要消耗我们总能量的 20%。如果你的大脑越长越大，而肺和心脏却保持原来的大小，那么你的大脑就会超过承载能力，从而导致神经元因氧气和营养物质的缺乏而窒息并相继死亡。大自然完美地校准了我们大脑的大小，使其不超过我们身体的承载能力（实际上所有动物都是如此），而这主要是由我们消耗的能量所决定的。

我们也可以像恐龙那样拥有更大的身体，但这无法解决任何问题。更大并不总是意味着更好。大多数人都认为人类

> 网络最重要的是效率，而不是大小，因为效率可以让某个拥有固定承载能力环境的网络更健壮、更强大。要记住，在大脑达到断点后，人类才拥有真正的智慧。

断点：互联网进化启示录
Breakpoint:
Why the Web Will Implode,
Search Will Be Obsolete,
and Everything Else You
Need to Know About
Technology Is in Your Brain

的大脑是最大的，但它只是相对于我们剩余的身体大小。例如，大象的大脑就比人类大，但其智力却不如人类。网络最重要的是效率，而不是大小，因为效率可以让某个拥有固定承载能力环境的网络更健壮、更强大。要记住，在大脑达到断点后，人类才拥有真正的智慧——与孩子较大的大脑相比，成人较小的大脑拥有更多智慧。事实证明，被困在小岛上并不一定是坏事。

| 互联网究竟有多大

互联网的早期历史和小岛非常像。互联网最初被称为阿帕网（ARPAnet），是由美国高级研究计划署（Advanced Research Projects Agency，ARPA）（美国国防部的一个部门）在 20 世纪 60 年代中期创建的。ARPA 的主要任务是保持美国的技术优势，该部门是在 1957 年苏联发射了第一颗人造卫星，美国政府感到威胁后组建的。阿帕网是为 ARPA 和大学与私人研究机构的科学家之间的通信而创建的。

没有什么比早期网络更让人兴奋的了——通过电话线就可以将几台电脑相互连接起来。和从前的每次创新一样，其细节对于大多数人来说都是枯燥晦涩的：1968 年，1 024 位的信息包被发送；1969 年，两台主机被连接；此后不久，"L"

和"O"这两个字母通过了互联网，第三个字母"G"引起了互联网的首次崩溃（登陆太多字母了）；1973年，人们发明了以太网；1983年，人们开始采用TCP；同年，人们第一次使用 :-) 来表示笑脸。

1990年，美国国防部决定将其机密信息移到另一个网络上，将ARPAnet的职责转交给美国国家科学基金会（National Science Foundation，NSF）。NSF将ARPAnet并入到了自己的NSFnet中。大多数历史学家都承认NSF是互联网的好管家，其规模每7个月就会翻倍并最终成长为5万个网络，最多的时候曾包括4 000家机构。互联网在美国政府的控制下不断发展，政府控制是限制某个网络发展的利器。

1995年，互联网开始进入其指数式增长期。仅仅在10年后，就突破了10亿用户。现在互联网的用户已经达到了24亿，是全世界总人口的34%。2012年，互联网设备数超过了90亿台（远远超出全球总人数）。设备的增长会带来互联网流量不断的扩长。在2011年，每小时产生的流量足以装满700万个光盘。到2015年，这个数字会增加4倍。

断点：互联网进化启示录
Breakpoint :
Why the Web Will Implode,
Search Will Be Obsolete,
and Everything Else You
Need to Know About
Technology Is in Your Brain

在巨大的压力下，美国政府开始允许商业利益加入其网络中。从1994年开始，NSF开始放弃对私有企业的控制。它迅速资助了4个互联网交换点（IXPs）的创建——加利福尼亚、纽约、芝加哥和华盛顿特区各有一个。1995年，NSFnet正式退役，我们熟知的互联网诞生。

互联网不再受政府规定限制，开始进入其指数式增长期。1995年初，它只有几十万个大学和政府用户，但到1995年底，已经拥有了来自各个行业的1 600万用户。次年又增加了两倍多。在接下来的 5 年里，这个数字超过了 3 亿。仅仅在 10 年后，就突破了 10 亿用户。现在互联网的用户已经达到了 24 亿，是全世界总人口的 34%。

让我们从物理层面看一下互联网。目前，有无数光缆正在地下和海底运行着，看看我们已经连接的设备就能想到。看一眼放着笔记本电脑、平板电脑和智能手机的桌子，显然，我们现在讨论的并非是人手一台设备，而在不到 10 年前，我们每个人还都只有一台设备。2012 年，互联网设备数超过了 90 亿台（远远超出全球总人数）。思科公司预计到 2020 年，这个数字将会飙升到 50 亿，但实际数字很可能是这个数字的 4 倍。

这些设备中包括很多你以前从未想到过的东西。例如，一些奶牛可能比大多数人更具连接性。火星公司（Sparked）给奶牛制作了芯片，把这些芯片植入到牛身上时，每年都会传送 200 多兆关于牛的健康和行踪数据。每牛身上的脚镯甚至可以帮助确定它们的发情期，并给农场主（或者公牛）发送警告——受精时间到了。

如果你的汽车是在近几年被制造的，那么就可以登录汽车制造商的门户网站，通过各个部件的传感器来确定其是否需要维护。一些保险公司还提供安全驾驶折扣，前提是你允许他们在你的车里植入芯片，该芯片就会把你的驾驶习惯信息发送给公司。

先进的农场也会使用传感器来测量土壤，保证它有适当的水分和养分。大多数传感器会将信息发送给农场主；也有一些传感器直接将信息发送给施肥机器人，它会自动在这块土地上浇更多的水或施更多的肥。智能雨（CyberRain）是家用互联网自动洒水器，它会根据天气预报来决定是否要浇院子。某些最新款的冰箱会连接到互联网，它们会告诉你牛奶的保质日期。

一些人的身体内也会装有互联网设备。对于具有严重肠胃问题的人来说，连接到互联网的纳米相机会传送可能与消化系统疾病相关的信息。高危病人可以通过穿戴传感器来告知医生其血压和心率数值，这可以有效地为心力衰竭提供早期预警。"大脑之门"芯片（BrainGate）是被移植到大脑中的微芯片，可以利用人的思维直接与互联网互动。

与你和笔记本电脑一样，这些设备（和动物）都是互联网的一部分。设备的增长会带来互联网流量不断的扩长，这可能是衡量互联网规模的最好方式。那么互联网究竟有多大？互联网非常庞大，其规模至今仍在增长。要记住，如今20个家庭产生的流量就相当于2008年全世界产生的流量。在2011年，每小时产生的流量足以装满700万个光盘。到2015年，这个数字会增加4倍。那么互联网为什么还没有达到其断点呢？

Breakpoint: Why the Web Will Implode, Search Will Be Obsolete, and Everything Else You Need to Know About Technology Is in Your Brain

| 互联网的迁徙之路

　　通过之前岛屿的例子，我们更进一步地了解网络：外界的影响是有限的，不可能只是简单地将所有人都转移到一个更好的地方。还记得吗？圣马太岛上的驯鹿与复活节岛上的居民具有相同的命运。如果不受岛屿的限制，那么某个网络可能会转移到具有更大承载能力的地方。毕竟驯鹿和人类都可以迁徙，技术也是如此，虽然这些网络的迁徙都是通过创新来实现的。

　　和处于增长阶段的所有网络一样，互联网似乎也是无限的。但互联网其实是一个物理网络，会受到物理限制。在无线电脑、智能手机、平板电脑和云存储的世界中，我们很容易就会忘记这一点。互联网受电缆宽度、可获得能量的大小、路由器和交换机容量的限制。值得注意的是，在短短的 50 年时间里，连接到互联网上的设备数量就从 20 亿增加到了 100 亿，而且还未达到其断点。

　　1995 年，当互联网进入其高增长期时，很多专家都相信它会在这种高增长中崩溃。以太网和麦特卡夫网络定律（越大越好，以其名字命名）的发明者鲍勃·麦特卡夫（Bob Metcalfe）甚至说："网络很快就会实现爆炸式增长，并在 1996 年遭遇灾难性崩溃。"麦特卡夫列出了 11 个重要原因，包括增长率、垃圾邮件的数量和可用带宽的限制。当时很多人都同意他的观点，但 1996 年互联网并没有崩溃。不过，麦特卡夫的观点大体上是正确的：互联网的增长确实太快了，远远超过了其承载能力。

网络流量真的太大了。想一下当时美国最大的互联网服务提供商"美国在线"（America Online, AOL）。1994 年，AOL 公开承认，它无法处理互联网的负载或需求。它开始限制高峰时段的上网人数，几乎是恳求用户选择其竞争对手。这些问题最终导致美国 1996 年 8 月份的大停电事故，该事故对 600 万 AOL 用户产生影响，最终迫使 AOL 退还了数百万美元来平息用户的怒火。很显然，互联网的使用人数已经超过其环境的承载能力——带宽。然而，互联网还在继续增长（并没有发生内爆）——更多的人花更多的时间上网，从而创造了更多的流量。互联网还在违背逻辑地继续增长着。

互联网之所以继续增长，是因为我们将它转移到了具有更高承载能力的新环境中。生物界也是如此：如果圣马太岛上的驯鹿能在吃光了所有的地衣后，游到附近具有更多地衣的岛上，那么它们的数量还会继续增长。这就像是螃蟹找到了更大的壳，或者大脑突破了头骨的限制。在非生物世界中的庞氏骗局是网络化的，因此每个成功的骗局都会提高其承载能力来避免达到其断点（然而就像所有固定的环境一样，空中楼阁迟早会倒塌）。我们已经提高了互联网的负荷，并将它转移到了一个更大的"岛"上——我们已经这样做过六七次了。

如果不受岛屿的限制，那么某个网络可能会转移到具有更大承载能力的地方。技术也是如此。互联网的增长远远超过了其承载能力，它之所以还在违背逻辑地继续增长着，是因为我们将它转移到了具有更高承载能力的新环境中。这些网络的迁徙都是通过创新来实现的。

断点：互联网进化启示录
Breakpoint:
Why the Web Will Implode,
Search Will Be Obsolete,
and Everything Else You
Need to Know About
Technology Is in Your Brain

大多数人还记得 20 世纪 90 年代拨号上网时所发出的刺耳声音。早期的互联网完全依靠电话网，该网络的创建就是为了传输模拟数据。通过一根电话线将电脑连接到调制解调器上，它会将数字数据转化成模拟数据，并将这些模拟数据发送到电话插座中。"拨入"时，互联网服务提供商会响应你的调用，这样就能在调试解调器中来回转换数据。按照现代的标准来看，当时的调制解调器非常慢。1991 年，调制解调器的传输速率是 14.4kbps。到了鲍勃·麦特卡夫预言互联网会崩溃的 1996 年，我们将调制解调器的传输速率提升为 33.6kbps——很多人认为这是 4 芯电话线的最高速度，但事实并非如此。1996 年，有人发明了 56kbps 的调制解调器，并在 1998 年得到了广泛的应用——相同的小岛，更多的地衣。

电话网和 4 芯电话线越来越无法适应这些新数字数据的传输，但极具讽刺意味的是，其中的一种解决方法是鲍勃·麦特卡夫本人提供的。早在 20 世纪 70 年代，麦特卡夫就发明了以太网（和相应的硬件）。具有更大带宽连接的以太网很快就在大学和大公司中流行起来。

20 世纪 90 年代中期，有线宽带互联网开始推行，并在世纪之交时得到了广泛应用。通过使用现有的有线电视网络和相应的同轴线，以及麦特卡夫的 8 芯以太网端口，我们就从根本上提高了数据传输速率——从 56kpbs 提高到 1 000~6 000kpbs，即 1~6mpbs（现在很多电缆调制解调器的速度高达 30mbps，但当时的互联网提供商们却无法支持这种速度）。这是一种真正的带宽革命，我们很快就发现网络有了更高的承载能力，但我们还不知道这有什么用——全新的小岛，新鲜的地衣。

不久后，我们又发明了更大、更快的电缆——T1、T3和光纤。我们将这些更大的带宽电缆称为"宽带"，因为它们是由比电话网更宽的频段、电线和电缆组成的。在将旧的电话系统基础设施移动到全新的宽带基础设施时，实际上，就是将互联网从一个"小岛"上移动到另一个更大的"岛"上，有足够的空间供我们漫游，也有足够的资源供我们使用。但现在的情况是，对目前的这个"岛"来说，我们也太大了。

| 烹饪让人类成为地球的统治者

大脑头骨大小和能量消耗的限制会被进化性创新所抵消。大脑是昂贵的资产，因为它消耗了身体的很多能量。自然界中的食物往往是匮乏的，为能量而捕食是一种耗时、危险的任务。动物具有相对较小大脑的一个原因在于效率比智慧更重要。实际上，人类不断发展文化和技术工具，是为了抵消头骨中能量的消耗。

我们之所以要不断地发展文化和技术工具，是为了抵消大脑头骨中能量的消耗。而大脑头骨大小和能量消耗的限制会被进化性创新所抵消。我们变得比其他动物聪明是因为我们会烹饪，这让我们能够摄入足够的能量来支持更大的大脑，而不是开始直立行走。

人类和其他动物的区别，很可能是其中一种：直立行走、对生拇指和会使用火。这些因素都很重要，但哈佛大学的人类学家理查德·朗汉（Richard Wrangham）提出了一个新理论，巴西里约热内卢联邦大学的神经科学家苏珊娜·埃尔库拉诺 – 乌泽尔（Suzana Herculano-Houzel）的一项最新研究也证实了该理论。该理论认为，我们之所以与其他动物不同，是因为我们具有做饭的能力。与我们血缘关系最近的猿类相比，为了进化出更大的大脑，我们每天需要多摄入 700 卡路里的热量。现在看起来似乎很容易（一个巨无霸即可满足要求），但我们刚开始时吃的都是生食。这就给我们的祖先带来了一个巨大的问题：吃生食非常费时——大猩猩每天需要用 80% 的时间来觅食并摄入大脑所需（其大小只有我们的 1/3）的热量。要使大脑从猿类大脑的大小长到人类大脑的大小，每天需要花 9 个多小时来咀嚼蔬菜和生肉。这样的话，每天就没有时间干其他事情了，即使大脑再大也没有任何作用。

烹饪会改变食物的成分，有助于加快我们进食和消化的速度。通过烹饪食物，我们的祖先摄入了更多的热量，从而为大脑提供了充足的"燃料"，并让他们有更多的时间来使用大脑。埃尔库拉诺 – 乌泽尔将她的发现提交给美国国家科学院时，这样说道："我们比其他动物拥有更多神经元的原因就是我们会烹饪。"人类和其他动物的区别在于，烹饪让我们能够摄入足够的能量来支持更大的大脑。

我们曾经认为，让我们变聪明的是从树上下来，开始直立行走并发现火这些因素，但真正的原因也许是食物的改变。我们通过创造其他动物所没有的效率，增加了我们的承载能力。或者正如埃尔库拉诺－乌泽尔所说："我越思考这个问题，就越想向我的厨房致敬。这是我们站在这里的真正原因。"

互联网对能源的消耗会加速地球变暖吗

同样，互联网也要耗费很多能量，它并非绿色产品。我们现在了解了，它需要巨大的能量来维持互联网的增长。想一下所有要使用能量的东西：汽车、工厂、钻头等。但它们都比不上互联网所消耗的能量——约占全球能耗的2%。

和增加热量摄入的烹饪或寻找地衣的迁徙一样，全球的互联网公司都已经转移到了能源丰富的环境中。实际上，大多数互联网公司都不在硅谷；它们的员工可能在那里，但技术并不在那个地方。这些公司已经将它们的系统转移到了能源丰富的地区。例如，谷歌、Facebook、奈飞和很多其他公司的数据中心都被安置在附近有丰富而廉价资源的地方。一些在水坝附近，一些在风力多的地区，还有一些则在煤、天然气或核能丰富的地方。

谷歌每年的耗电量相当于 20 万户家庭所使用的电量。这大约是 2.6 亿瓦特，或者一家大型核电站产能的 1/4。只要回顾一下互联网的飞速发展，你很快就会发现，有一个严峻的问题摆在我们面前：正如大脑会耗费身体能量的 20%，互联网则要耗费全球电量的 20%。如果互联网按照当前的速度继续增长，10 年内它就能取得成功。

于是，这就带来了一个非常明显的问题：如果互联网继续按照这种速度增长，它将会摧毁整个能源网，并加快全球变暖的速度。但幸运的是，互联网（就像大脑一样）已经找到了一些快捷方式来最大限度地提高其能源效率。还记得大脑、蚂蚁和互联网如何使用 TCP 来控制信息流吗？ TCP 就是一个效率通道。它会积极寻找瓶颈，并通过减慢传输的速度来修复它。这种减速会加快整个系统，从而提高效率并节约能源。

TCP 并不是大脑提高效率的唯一方法。我们的大脑会划分不同的功能来提高效率。大脑科学家将它称为模块化。对于语言、视觉、记忆和大多数其他高级认知功能而言，我们的大脑都有与之相对应的不同区域。速度和效率是模块系统的标志——当很多控制某种特定功能的区域紧密联合在一起时，它的运行就会更加经济。想象一下：如果一架飞机的一半控件在驾驶舱内，而另一半控件在后面的卫生间里，你就懂了。

模块化已经成为互联网的标准。我们已经将大部分互联网都结构化到了服务器群组中——安放在一起的海量存储设备。部分原因是功耗限制，但它也是一种效率技巧。巨大的速度效率是由 Facebook、奈飞、亚马逊和所有小公司共享空间而产生的。将很多互联网安置在大楼，我们将其称为"电信机房"。纽约市一个电信机房的面积要比帝国大厦大 9 万平方米。在一个拥挤的城市中，这座大楼主要容纳的却是电脑和电线。想象一下这座大楼的价值。事实上，你无需想象，谷歌花 19 亿美元购买了它，这是 2010 年全球单价最高的房地产交易。谷歌购买的这座大楼是它最昂贵的资产，它并非人力资本，而是电脑和电线。即使这座大楼归谷歌所有，它仍然被互联网中一些最大（或最小）的公司所共享，从而创造了提高效率的良性循环。

人脑推理、感觉、判断、决策的能力很大程度上都取决于"大脑皮层"模块，这个区域在人脑中所占的百分比要比其他所有动物的都大。大象的大脑要比人类大，但我们的相对大脑皮层要比大象的大。无脊椎动物没有大脑皮层。人类的大脑皮质（即新皮质）在 20 万年前才进化出来。它负责几乎所有领域的逻辑推理。

云计算最具模块性，它可能会发展成为互联网的"大脑皮层"。大多数人都认为云计算是一种存储信息的方式，它

互联网并非绿色产品，它也需要巨大的能量来维持增长。但幸运的是，互联网（就像大脑一样）已经找到了一些快捷方式来最大限度地提高其能源效率，如 TCP 以及模块化的应用。互联网最终会演变为使用不同能源的网络。

断点：互联网进化启示录
Breakpoint :
Why the Web Will Implode,
Search Will Be Obsolete,
and Everything Else You
Need to Know About
Technology Is in Your Brain

的确可以存储信息，但它能做的不只是这些。云计算允许在互联网中进行独立计算，让个人可以访问几乎无限的计算资源。曾经你只能使用自己的电脑或服务器来处理信息，但"云"允许你使用大学、政府和大公司（亚马逊、谷歌、IBM和微软）的资源。

这种模式的效率非常高，因为大公司可以出租闲置的计算资源。但很多大公司都不会这么做。"云"允许你将很多小型计算机连接在一起，成为大型分布式超级计算机。例如，谷歌云就是由很多廉价的台式电脑组成的。当你将上亿台台式电脑连接起来时，其计算能力就会高得惊人，比世界上任何一台机器都强大（包括生物机器，如我们的大脑）。因为每个单元都是彼此独立的，所以可以像大脑那样并行进行计算。单个计算机无法做到这一点，但云计算使其成为可能。并行处理（多件事情同时发生）与意识和自我意识直接相关。也许网络中会出现真正的智能，甚至是意识。

人脑具有高效的记忆系统，它实际上被分为两个不同的系统：第一个系统将信息永久存储在大脑中，它创造了我们的长期记忆；第二个是短期记忆系统，它会在短时间内记住少量信息。这样做的原因是为了效率：从长期记忆中提取信息需要消耗很多能量，但短期记忆是流动的，很容易获取；它用于存储大脑在不久的将来就要使用的信息。不足之处在于，短期记忆系统非常小——在给定的时间内，大脑的短期记忆只能容纳7个信息。因此，短期记忆十分有限，但这正是它高效的原因。

20 世纪 90 年代末，麻省理工学院的科学家模仿大脑的短期记忆，发明了内容分发网络（content delivery networks, CDNs）。从那时起，阿卡迈（Akamai）和 Edgecast 就将这项技术商业化。从根本上来说，这项技术复制了大脑的行为：它为经常使用的信息创建了短期存储。这两家公司已经在全球都建立了服务器，其目的是存储在你周围的信息。如果你在新加坡想要访问 Facebook 或 YouTube，那么你看到的很可能是这些网页的副本，它们来自阿卡迈或 Edgecast 在新加坡的服务器。试想一下，搜索家附近的信息（而不是在全球范围内搜索它）会节约多少时间和能量？这无疑是一个大买卖，因为 45% 的互联网信息流都会经过内容分发网络。

髓鞘是另一个有趣的发现，它只存在于脊椎动物的大脑中。髓磷脂是一种脂肪组织，用于封装神经元之间的连接。这种封装作为绝缘体，用于帮助记忆信息。需要再次强调的是，其优点是速度和效率。如果没有髓磷脂，在神经元之间传送的信息会很快衰减，或者需要更多的能量才能传送这些信息。在这种情况下，大脑就会越来越小。至少神经元需要更紧密地连接在一起。如果神经元需要更紧密地连接在一起才能通信，那长脊髓就会变得无效，且不允许智力和身体同步增长；身体需要摄入能量来支持大脑。这就是脊椎动物拥有更大大脑（就此而言，还有脊椎）的主要原因。

萨缪尔·摩尔斯（Samuel Morse）和亚历山大·格拉汉姆·贝尔（Alexander Graham Bell）在早期的电报和电话中都使用了非绝缘铜线。这些线在短距离内可以出色地完成工作，但长距离的通信就会衰减。因此，他们添加了一种人造髓磷脂——用一种塑料涂层将铜线包了起来。这种绝缘处理可以防止电信号在铜线中（完全）衰减。我们现在拥有各种各样的绝缘材料，包括金属的、玻璃的、塑料的和陶瓷的，等等。每种绝缘材料都可以提高效率，减少所需的能量，对铜、铝、硅来说都是如此。

我们不是完美的大脑。我们的大脑会在黑暗中摸索，并做出合理的推测。电脑可以完美地计算出某个飞行物的形状、飞行轨迹、飞行速度、距离和风速，而我们的大脑却只能推测。电脑会计算接球时手臂的角度，而我们的大脑也只能推测。我们的大脑被设计成预测引擎，非常容易出错，这就是我们棒球打得不好的原因。我们的大脑经常会做出错误的推测。但出错是一件好事：当某个系统可以随意出错时，它就会抵消完美完成任务所需要的巨大能量。大脑的不完美在没有降低智力的情况下，节约了很多能量。在做花式运球时大脑所需要的能量，要小于一个 20 瓦灯泡所消耗的能量。

大脑不完美的原因在于其最小的成分——神经元。神经元不仅会出错，它们还存在缺陷：在 30~90% 的时间中，神经元都无法放电。我们身体里的 1 000 亿个神经元会不断放电，即使失败也不会造成真正的伤害，因为我们的大脑有足够的神经元来进行修正。因此，即使是在神经元层面，我们的大脑也不喜欢完美。

斯坦福大学和加州理工学院的研究员正在寻找将这种错误率复制到晶体管中的方法，他们希望在不影响性能的情况下减少能源消耗。他们已经研制出了神经网格（Neurogrid）芯片，其所需要的能源只有传统硅芯片的万分之一。和神经元一样，这些芯片也不完美，因此它们需要成千上万（传统的只需要几个）个晶体管来做计算工作，但这并不是重点。最后，我们正试着在不计算轨迹的情况下接球。IBM 最近正在试着使用传统芯片，来模拟拥有 5 500 万个神经元的大脑功能。他们成功地做到了这一点，但却耗费了 32 万瓦能量。和大脑一样，"神经网络"芯片运行所需要的能量不超过 1 瓦特。

互联网最终会演变为使用不同能源的网络。互联网处理信息的方式要比大脑慢，效率也比较低，这主要是因为大脑的通信系统使用化学物质和电流，而互联网目前只使用电能。在未来的某一天，我们也许会创造出一种化学系统来增加互联网传送的信息量。这可能源于对大脑化学通信方式的研究，也可能源于对蚂蚁通信方式的研究。

| 断点之后的智能化互联网

互联网不断演变、增长并提高其承载能力，但最终我们还是会耗尽"岛上的地衣"。这种情况的发生未必是一件坏事。正如大脑在过载和崩溃中获得智慧一样，互联网也可以。大脑可以作为互联网的指南，因为这两者非常相似。我们用硬件代替了湿件（被视为计算机程序或系统的人脑），但它们的基本结构是相同的：它们都是能够进行计算、记忆和通信的复杂网络。承载能力是有限的，因此，我们终会达到断点。但我敢说当这种情况发生时，可能会产生一种更小但更高效、更聪明的智能化互联网。

4

奴蚁、神经元
与万维网：
选择让网络不再崩溃

　　重要的是要记住：网络的承载能力不仅取决
于能源，还取决于效用，在这种类型的网络中生
存意味着要与时俱进，永不过时；互联网中的网
站类似于人类记忆。就像记忆是大脑的软件一样，
网站就是互联网的软件，而链接则是关键，除了
链接的数量，链接的深度和维度也非常重要；移
动应用程序的兴起并不意味着万维网本身会崩
溃，我们需要自己筛选（去除不好的内容），才
能让万维网变得更好；另外，新技术的出现会让
我们活得更舒适，而不是将我们"困在自己的住
所里"。

| 具有非凡力量的神经元

虽然神经元很简单，但它们却可以做一些非常了不起的事情。尽管它们是未进行物理连接的自主细胞，但可以相互通信。当神经元被调用时可以切换任务，从这个意义上来说，它们具有可塑性。相同的神经元可以用于语言、听力、决策和大脑中所有其他的功能。正是这些看似不起眼的神经元让我们可以思考和行动。

虽然神经元具有非凡的力量，但却很怠惰。神经元只会连接和断开。它们没有侵略性，也无需为生存而抗争，通常会反复执行相同的任务。它们很无私，它们的目标就是组成更大的整体。神经元充当的是网络，而不是个体。

蚂蚁也会做一些非常了不起的事情。它们保卫家园不受天敌的侵犯；它们形成复杂的社会结构；它们使用工具，并从非食品类物质中创造出食物。有一种蚂蚁甚至还在蚁巢中发明了空调——创造出了排出热空气并引入新鲜空气的系统，比人类想到这一点要早数百万年。

和神经元不同，蚂蚁非常勤劳。有些蚂蚁非常具有侵略性，它们会不停地战斗，直到大获全胜（强迫其他蚂蚁做奴隶）。大约有 100 种蚂蚁在这方面表现得尤其明显，它们被统称为蓄奴蚁。

蓄奴蚁从来不会清理蚁巢、寻找食物和照料自己的幼虫。它们其实不知道如何做这些事情。它们唯一的专长就是：寻找其他蚂蚁来为它们工作。蓄奴蚁会袭击其他蚁巢并抢劫它们的蚁卵。这些蚂蚁长大后会成为奴隶，几乎会为它们的主人做所有的事情：为它们梳洗、喂它们进食、保卫它们不受其他昆虫的伤害。如果蚁群准备迁往一个新蚁巢，奴隶们甚至会扛着它们的主人前往新住所。

从道德角度来看，抢劫蚁卵并让它们成为奴隶的做法实在是不光彩。但是，更糟糕的事情其实是谋杀。为了抢劫其他蚁群的蚁卵，蓄奴蚁首先会发动战争——这些蚂蚁会毫不留情地杀死挡在它们面前的所有蚂蚁。蓄奴蚁的蚁后会和这些侵略者一起进入蚁群，并利用袭击造成的混乱趁火打劫。有抱负的年轻女王会溜进蚁巢，找到蚁后并咬死它。然后它会吃掉原来的蚁后，这样它就拥有了蚁后的化学素。其余的蚂蚁不知道发生了什么，它们会纷纷向蓄奴蚁蚁后靠拢，并开始为它效劳。

和平、简单的神经元和蓄奴蚁完全不同。但是，大脑中有另外一种新事物——想法，它完全就是"蓄奴蚁"。像蓄奴蚁控制它们的奴隶那样，想法完全控制着神经元。除此之外，想法还会传播：它们会以不低于蓄奴蚁攻击某个蚁群的

看似不起眼的神经元让我们可以思考和行动。而大脑中的想法完全控制着神经元。想法往往会传播并影响其他人的思想。它们会通过许多不同的方式像疾病那样毫无预警地进入我们的思维中，而且无法停止。想法比暴力（强制）更强大，它会改变人们的思想，甚至改变历史的进程。

断点：互联网进化启示录
Breakpoint:
Why the Web Will Implode,
Search Will Be Obsolete,
and Everything Else You
Need to Know About
Technology Is in Your Brain

热情，在大脑之间传播。

想法有好有坏。有些想法（如小儿麻痹症的治疗）是积极的；有些想法（如法西斯主义）则会带来恶果。但是，想法往往会传播并影响其他人的思想。它们会通过许多不同的方式像疾病那样毫无预警地进入我们的思维中，而且无法停止。如果某个想法具有感染力，它就会被提交给记忆并传播给其他人；否则，它就会转变为我们的潜意识。想法比暴力（强制）更强大，它们会改变人们的思想，让人们去做一些他们本来不会去做的事情。从这个方面来说，想法（更甚于行动）改变了历史的进程。

| 蚂蚁王国的拿破仑：蓄奴蚁

蓄奴蚁是蚂蚁王国的拿破仑。这些小型征服者似乎前途不可限量。那么是什么阻止了它们将所有蚂蚁统一为大型超级蚁群，并统治世界的呢？

地球上蚂蚁的数量多得惊人。蚂蚁要比哺乳动物都多；更可怕的是，世界上全部蚂蚁的总重量要超过人类的总重量。如果蚂蚁能组织起来形成一个超级蚁群，那么它们将是地球上最强大的物种。

幸运的是，蚁群是网络，它们在达到断点后就会停止增长。一旦达到断点，即使是蓄奴蚁也会停止侵略。正如我们所看到的，承载能力是无法改变的。

蚁群的承载能力受物理因素的限制，包括食物的数量和可用于建造蚁巢的材料。但对某些蚁群（如黛博拉·戈登的收获蚁）来说，这两种物质都很充足。它们居住在大片荒原的地下，可以随意扩大自己的蚁巢。在一个小区域里往往会有上百个蚁群，所以这里肯定有充足的食物和水。那么，为什么一个收获蚁蚁群最多只有 1 万只蚂蚁，而且它们多年都会保持这个数量呢？为什么蓄奴蚁不直接强占其他蚁群的承载能力，从而提高它们的承载能力呢？

> 承载能力是某个网络存在的必要条件，而不是充分条件。网络的承载能力不仅受物理大小的限制，还受其效用的限制。

断点：互联网进化启示录
Breakpoint:
Why the Web Will Implode,
Search Will Be Obsolete,
and Everything Else You
Need to Know About
Technology Is in Your Brain

事实证明，承载能力是某个网络存在的必要条件，而不是充分条件。网络的承载能力不仅受物理大小的限制，还受其效用的限制。每个蚁群都会达到一定的规模，从而最大化实现其目标的能力——寻找食物、保持健康和繁殖。在达到断点后，再增加蚁群中蚂蚁的数量没有任何价值。

增加蚂蚁数量不仅没有任何价值，而且还会有反作用。蚂蚁主要通过气味进行交流。如果你曾经试着用 409 和纺必适（Febreze）的混合物来掩盖臭味，你就会明白，累积太多的气味并不是什么好事。

我们要记住的是，蚂蚁通过互动模式来作出反应。黛博拉·戈登在这一发现中起到了至关重要的作用，她这样解释道："蚂蚁使用它最近的互动经验来决定要做什么。互动模式本身（而不是传送的信号）充当消息。重要的不是两只蚂蚁相遇时，其中一只蚂蚁告诉另一只蚂蚁的内容，而是它们相遇这件事情。蚂蚁根据这样的规则运转：'如果我在接下来的30秒钟3次遇到具有气味A的蚂蚁，那么我就出去觅食；否则，我就留在这里。'"蚂蚁不擅长计数，而且只拥有短暂的记忆，因此你可以想象得出：如果蚂蚁太多，就会让某只蚂蚁分心，从而不能专注于手头的任务。比起在数量上的增长，让成熟的蚁群形成稳定的种群更有意义。

| 人类记忆的断点

重要的是要记住，正如网络可以由神经元、蚂蚁或电脑组成，并且承载能力也会有所不同。我们都知道，能源是决定大多数硬件和生物网络承载能力的关键因素。这是因为物体需要能量。作为物理网络的大脑需要消耗很多能量，这就是为什么很多动物会因为能量摄入这个任务而毁灭。

软件系统被建立在物理网络上时，它们的承载能力不仅取决于能源，还取决于效用。在这种类型的网络中生存意味着要与时俱进，永不过时。

考虑一下某个想法如何才能保持其在头脑中的首要位置：通过记忆。记忆是大脑的软件层。大脑神经网络会形成用于传播信息的记忆语义网。从理论上来看，我们的头脑中可以有无数种想法，但这样一来，我们的大脑就会变得非常混乱。想一下吉尔·普莱斯（Jill Price），她记得自己 14 岁以后生活中发生的所有细节："我记得 1980 年 2 月 5 日之后的所有事情，那天是星期二。"普莱斯记得所有的事情，甚至是发生在她人生中但与她没有直接关系的新闻事件。当询问普莱斯关于平·克劳斯贝（Bing Crosby）的死亡时，她这样回答："他在西班牙打高尔夫球时去世。"她会继续告诉你有关平死亡的时间和其他细节。普莱斯拥有超常的记忆力，这在医学术语中称为"超忆症"。

只有十几例关于超忆症的（例如，真实的）案例。这些超长的记忆力不用借助任何技巧、花招和策略。这种情况与自闭症和学者症候群不同，超忆者在其他方面都很正常。拥有超常的记忆力好像非常强大，那么既然我们的大脑能够处理这种情况，为什么我们没有进化成能记住所有事情的物种呢？事实上，人的记忆也有断点。好事太多的话，那么它未必还是一件好事。

普莱斯要与忧郁、焦虑和偏头痛作斗争，从小时候起，她每天都要服用 5 颗阿司匹林来缓解偏头痛。普莱斯将她的经历描述为："无法休息、难以控制、筋疲力尽……我一生都在与我的脑袋战斗，这快要把我逼疯了。"有人认为拥有超常记忆力的人可能会在学习方面具有优势，但是对于普莱斯和

拥有超常的记忆力好像非常强大，那么既然我们的大脑能够处理这种情况，为什么我们没有进化成能记住所有事情的物种呢？事实上，人的记忆也有断点。好事太多的话，那么它未必还是一件好事。

断点：互联网进化启示录
Breakpoint:
Why the Web Will Implode,
Search Will Be Obsolete,
and Everything Else You
Need to Know About
Technology Is in Your Brain

其他超忆者来说并非如此。虽然她拥有"天赋"，但她在学校的表现并不优秀，通常都是得 B、C 和 D。她解释说："我必须努力学习，我并不是天才。"

更糟糕的是，超忆症通常会妨碍其他更高级别的功能，如决策。这是有道理的：如果我们都拥有超常的记忆力，那么我们记忆、处理信息和做决策的速度就会很慢。过多的信息会阻塞我们的大脑，让我们难以挑选出有用的信息。我们的大脑需要丢弃所处理的大部分信息而只保留最重要的信息，原因是我们不需要不相关的想法（就像不需要不相关的神经元一样）。

这时的主题要清晰。所有的硬件网络都只会在其承载能力（能源）范围内增长。对于蚂蚁、鹿、神经元和互联网来说都是如此。软件存在于硬件中，因此它自然会受到硬件容量的限制。除了物理承载能力外，软件网络还要受到效用断点的限制。对于记忆和想法来说，超过其断点就会非常糟糕。

| 日益喧嚣和堵塞的万维网

互联网中的网站类似于记忆。就像记忆是大脑的软件一样，网站是互联网的软件。虽然互联网生存的关键在于它的物理承载能力（例如，其电子管、电线、处理器、交换器和路由器的大小和能量消耗），但万维网却不尽相同。它是互联网的可用层——让我们在互联网上进行通信、存储记忆并传播想法的网站。

1993 年万维网被发明后，它就完全改变了互联网。在此之前，互联网只是一个不错的想法；但万维网出现后，它就成为一种不可缺少的现象。万维网是用于传播想法的网站的家园——它以从前无法想象的方式来存储和传播想法。一个网站可以容纳无数的信息，人们通过它瞬间就可以访问全世界的人。网站将"了无生气"的互联网变得"活力十足"。

万维网和它传播的想法已经出现了巨大的增长。1993 年时还没有任何网站，2002 年就出现了 2 000 万个网站，而到了 2012 年网站数量则达到了 6 亿个。这是一个相当惊人的数字增长：如果一个人从出生时就开始按照这个速度增长，那么到 10 岁时他就能摸到月亮了。实际上，我们需要创造出一些新词汇才能描述万维网的大小。电脑原来的容量以兆字节（MB）衡量，接着就用千兆字节（GB），而我们一直努力理解这些数字到底有多大。万维网现在使用拍字节（PB）和艾字节（EB）来描述其大小。即使是这些数字也显得太小了，因为人们预计，到 2016 年，万维网就会增长到以泽字节（1021 字节）来衡量。

泽字节有多大？它相当于一整年的时间里，每隔三分钟就在互联网上传送一部制作完成的电影所包含的全部信息。

> 虽然互联网生存的关键在于它的物理承载能力，但万维网却不尽相同。它是互联网的可用层——让我们在互联网上进行通信、存储记忆并传播想法的网站，也是它每天都要分享的大量想法的奴隶。

断点：互联网进化启示录
Breakpoint :
Why the Web Will Implode,
Search Will Be Obsolete,
and Everything Else You
Need to Know About
Technology Is in Your Brain

Breakpoint : Why the Web Will Implode, Search Will Be Obsolete, and Everything Else You Need to Know About Technology Is in Your Brain

万维网（就像想法一样）是它每天都要分享的大量想法的奴隶。

因为万维网是软件，所以它不受任何物理大小的限制。但万维网可以容纳无数个网站，并不表示它具有无限的承载能力。万维网并不只是具有各自网址的网站集合，将它命名为万维网是因为它本身就是一个网络。就像蜘蛛网一样，它也会受到承载能力的限制。比网站数量更重要的是有用信息和可访问信息的数量。

很显然，我们发现万维网很有用。我们每个月都会查看 90 个独特的网站上的 2 600 多个万维网。2012 年，我们平均每天要花 70 分钟来上网；而 2002 年这个数字仅为 46 分钟。当你觉得如今网上冲浪、发送和下载信息的速度要比 10 年前快得多时，那么很显然我们从万维网上获得的东西也比以前多了。但万维网正在变得喧杂和拥塞，而且某些人会说网站真是太多了。

| 指尖上的世界所付出的代价

过去几年来，我老有一种不舒服的感觉，觉得有人或某种东西一直在摆弄我的大脑、重新连接我的神经系统并重新编写我的记忆。我的思想并没有消失（据我所知），但它正在改变。我不再像过去那样思考了……网络似乎正在一点点地摧毁我们的关注力和思考力。现如今，我的大脑就盼着按照网络提供信息的方式，即以飞速移动的粒子流的方式来获取信息。过去我是知识海洋的潜水员，而现在我却驾驶着摩托艇，在海面上急速掠过。

上面的内容节选自尼古拉斯·卡尔（Michaelas Carr）2008年在《大西洋月刊》（*The Atlantic*）发表的一篇题为"谷歌让我们变得更愚蠢了吗"的文章。卡尔在其普利策奖提名畅销书《浅薄：互联网如何毒化了我们的大脑》（*The Shallows: What the Internet Is Doing to Our Brains*）中扩充了他的观点。卡尔并不是唯一一个有这种想法的人。和他同时代的人，包括《i成瘾：逃离24小时×7天"i不释手"的生活》（*iDisorder: Understanding Our Obsessing with Technology and Overcoming Its Hold on Us*）的作者拉里·罗森（Larry Rosen）和《数字节食：四步戒掉科技瘾，找回生活中的平衡》(*The digital Diet: The 4-Step Plan to Break Your Tech Addiction and Regain Balance in Your Life*) 的作者丹尼尔·西贝格（Daniel Sieberg）都认同这一观点：我们对网络的依赖非常危险，它让情况变得更加糟糕。他们的同事金伯利·杨博士（Dr. Kimberly Young）开办了"美国网络成瘾中心"，帮助沉迷网络无法自拔的人意识到并戒掉他们对于高科技的依赖。这是一个严重的问题，美国心理学会在2013年将"互联网使用障碍"（Internet-use disorder）归类为"建议进一步研究"的情况，当时正好有一名16岁的少女成为新闻头条——她为了打破网络"宵禁"，给父母使用了安眠药。

我不相信网络正在损坏我们的大脑，但它确实很混乱。

Breakpoint : Why the Web Will Implode, Search Will Be Obsolete, and Everything Else You Need to Know About Technology Is in Your Brain

网络似乎正在一点点地摧毁我们的关注力和思考力。我们指尖的世界显然是需要付出代价的。

万维网浏览器已经变成"瑞士军刀"——它可以轻易地取代百科全书、报纸、字典、辞典、计算器、时钟、电视和商场。

我们指尖的世界显然是需要付出代价的。我们很难在不被链接、广告、电子邮件、Twitter 消息、警报和新闻头条干扰的情况下，使用万维网来完成最基本的任务。我们可以忽视和躲避向我们推销东西的万维网，但即使这样也会分散我们的注意力和专注力。这些干扰降低了万维网的有效性。

万维网断点的到来：移动应用程序的兴起

万维网的价值之前就遭受过质疑。几乎从初期开始，我们就无法理解万维网的概念。在刚开始的 10 年里，万维网就大大超过了承载能力，其实用性也大大降低。人们无法找到他们需要的内容。谷歌和其他搜索引擎的建立充当的是网关的角色，将网络规模缩减为可以控制的大小。这些引擎通过指向最有价值的网站并完全忽略剩余的网站，从而大大提高了网络的实用性。而且正如《今日美国》在 2007 年所报道的："网络太大了，以至于所有当前的组织方案都无法处理它。"

虽然有搜索引擎的帮助，但万维网已经超过了其断点。可用信息的数量比其承载能力或实用性更高。网络在继续增长，但其效用正在降低。这是"好事过头反成坏事"的经典案例（就像普莱斯的记忆力），如果我们不减小它，整个网络都会崩溃。

正如平板电脑取代了电脑，"超级应用程序"的地位也会超过万维网。手机流量在未来 5 年将会增加 18 倍。但是，其增长是以牺牲万维网为代价的。

网络达到断点的迹象已经出现好几年了。虽然尚未报道，但最显著的标志是网络增长速度降低。虽然在最初的 10 年里网站数量的增长超过了 800%，但在 2012 年已经降低为 19%，预计在未来的 5 年中会继续降低。网络用户的数量也在减少；和 2011 年相比，2012 年在个人电脑上使用网络的人数已经降低了 4%。同时，人们花在网络上的时间也在减少；从 2011 年每天要花 72 分钟降低为 2012 年的 70 分钟。虽然这是一个很小的改变，但这个趋势会持续下去。

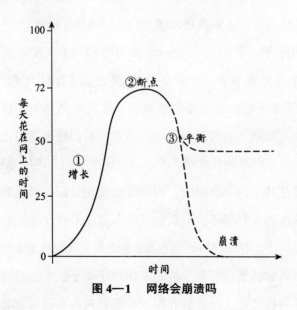

图 4—1　网络会崩溃吗

Breakpoint : Why the Web Will Implode, Search Will Be Obsolete,
and Everything Else You Need to Know About Technology Is in Your Brain

万维网的崩溃不会像圣马太岛上驯鹿和复活节岛上食人族的灭绝那样引入注目。万维网的崩溃意味着我们将不再使用它。我们已经看到了这个迹象，这很大程度上是因为移动应用程序的兴起。如果万维网是瑞士军刀，那么应用程序就是鱼取钩器或木凿。它会执行一个特定的任务。你完全没有必要摆弄"剪刀"或"开罐器"，因为它们是完全不同的应用程序，你必须有意识地来使用它们。要注意的是，虽然很多应用程序会从网络中获得内容并对它进行重组（《经济学人》或 Yelp），但大多数应用程序会完全忽视网络，如"神奇租车"（Taxi Magic）或"优步"（Uber）。它们使用互联网来连接到内容服务器，但它们不会从万维网上下载内容，也不会将内容上传到万维网。虽然它们之间的区别并非总是那么明显，但应用程序和网络从根本上就是不同的，而且应用程序正在从万维网中获取越来越大的互联网增长份额。

2012 年，平均每个 iPhone 使用者都拥有 108 个应用程序，并且每天要花 127 分钟来使用它们（2011 年是 94 分钟），安卓手机的使用者也是如此。这几乎是每个人目前平均花在万维网上的时间的两倍。当然，我们越来越多地使用应用程序（而不是万维网）的部分原因是我们在不停地移动，但这只是其中的一个原因，因为喜欢使用 iPad（而不是笔记本电脑）的人都知道，一款天气应用程序不仅比看晚间新闻更方便，还比登录到 weather.com 上查询天气预报更方便。

如果你必须在智能手机的应用程序和平板电脑的浏览器中选择一种放弃，你会放弃哪一种呢？我会不假思索地放弃浏览器，因为我会更多地使用应用程序。在我很忙或者只是待在家里时，我下载的应用程序要远比万维网有用得多。正如平板电脑取代了电脑，"超级应用程序"的地位也会超过万维网。

手机的兴起并没有给万维网带来任何好处，但大家都认为手机数量正在激增。2011 年时，它已经连续 4 年每年都增加 1 倍多。思科预计，手机流量在未来 5 年将会增加 18 倍。但是，其增长是以牺牲万维网为代价的。应该注意的是，这并不意味着所有的流量都源于应用程序，因为智能手机和平板电脑安装有网页浏览器，而且几乎所有大型网站（和很多比较小的网站）都提供其内容的移动版本。移动版本通常要比实际网站简单，就像一个应用程序一样。

当你使用手机浏览器点击 CNN 上的科技类内容时，只会显示 CNN 当天的 6 条科技新闻。浏览到某条新闻的底部时，才能在该页面的底部看到其余 6 条科技新闻的链接（如果你使用的是 CNN 应用程序，那么你唯一的选择就是返回——每条新闻的最后都没有链接）。相反，如果你在 CNN 网站上阅读相同的新闻，你就能发现指向其他新闻的 30 个链接、12 个赞助商广告和帮助你找到更多内容的完整导航栏。用户很难使用手机浏览器在网上冲浪，而且需要依赖用户不停地在链接之间点击的网络本身就有问题。

显然，手机网站必须很小才能适应手机的小尺寸，但这只是其中的一个原因。手机网站之所以这么小，是因为在提供内容有限的情况下，要提供给我们更有价值、更实用的内容。万维网已经在"好事过头反成坏事"的重压下达到了断点。更新且更灵活的移动互联网正在从一大堆网络信息中选择最有用的内容，就像是搜索引擎从早期万维网中选择最有用的信息一样。

| 链接对网络生存至关重要

　　万维网存在不足之处，但仍然十分有用。虽然它一定会在某种程度上崩溃，但之后又会找到平衡。它必须变得更智能、更密集、更具有相关性。但应该怎么做呢？我们只需要从大脑中寻找灵感即可。不管是在互联网还是在大脑中，链接都是关键。除了链接的数量，链接的深度和维度也非常重要。如果我们可以在万维网中模仿大脑的结构，就能让它更有意义，从而变得更实用。

　　链接对网络的生存至关重要，且万维网的链接数算是少的。平均每个网站都会被链接到其他 60 个网站上，而大脑中的每个神经元都会与成千上万个其他神经元紧密相连。如果某些神经元链接不经常被使用，这些链接就会消失，神经元也会死亡。万维网不是这样，这就是网络中存在很多我们不需要的信息的部分原因。

　　大脑有两种链接：流入（轴突）和流出（树突），而且有时候两个神经元会同时被流入和流出链接连接在一起。双向链接显然比单向链接更有意义。大脑的软件网络拥有类似的链接。例如，使用单向／双向链接来连接相关信息，从而将语言存储在记忆中。"丰田车是汽车"这个观点在我们的头脑中创造了单向关系，因为所有的丰田车都是汽车，但并非所有的汽车都是丰田车。"汽车（car）是汽车（auto）"这个观点则创造了双向关系，因为它们是同义词。我们使用下面的方法在大脑中检索信息：通过一个记忆触发另一个记忆的方式来遍历这些链接，直到找到正确的信息为止。

在万维网中添加这层含义需要改变其基本结构，但从技术上来说并不难。目前的链接都是宝蓝色，用来表示从一个网页到另一个网页的链接。很容易用不同的颜色（或者不同的字体大小）来表示双向链接。这种结构上的小变化非常有用；这样可以立刻让用户知道两个网站之间的链接有多强大，或者两条信息之间的关系有多密切。

万维网虽然一定会在某种程度上崩溃，但之后又会找到平衡。它必须变得更智能、更密集、更具有相关性。但应该怎么做呢？我们只需要从大脑中寻找灵感即可。不管是在互联网还是在大脑中，链接都是关键。

断点：互联网进化启示录
Breakpoint:
Why the Web Will Implode,
Search Will Be Obsolete,
and Everything Else You
Need to Know About
Technology Is in Your Brain

这样想一下，假设"乔的水暖"（Joe's Plumbing）网站被链接到《纽约时报》，如果《纽约时报》也链接到了"乔的水暖"，那么该链接将更具相关性。在后一种情况中，"乔的水暖"不可能通过链接到《纽约时报》官方网站，来试着人为提高自己的地位。在社交世界中，这相当于在 Twitter 上关注某人。我愿意的话就可以关注娜塔丽·波特曼（Natalie

Portman），虽然这种链接具有一定的价值，但它远远比不上（请）娜塔丽也关注我。双向链接更有意义。它是一种紧密的联系，是一种真正的关系。

神经元的链接也有权重。也就是说，思想和它们与其他思想的关系具有不同的价值。这体现在习惯和记忆的相对强度上。万维网目前没有类似的链接权重系统，但我们有理由在万维网结构中创建它。

链接权重的维度应该是多少呢？相关性、实用性、重要性和显著性都应该包含在内。不管是单向链接还是双向链接，都应该区分其相关性和重要性。需要再次强调的是，应该用颜色对它进行编码，用蓝色表示该页面上最好的链接，绿色次之，黄色第三，红色第四，并以此类推，直到某个链接被显示为无关并被自动删除为止。

起初，网站所有者会选择最重要的链接，但最终该网站应该根据自然选择来发展。网站云会计算出点击某个链接的人数，他们浏览该网页的时间，以及用户是否会返回原来的网站。我们应该考虑某个用户的相关统计数据和历史记录，来制定链接相关性的个性化预测。例如，应该给予离用户所在位置较近的链接更大的权重。过去的历史记录也可以发挥作用：如果用户之前点击过某个链接，这些都是重要的因素。将所有的这些数据结合起来，就可以得出基于相关性和实用性的动态链接权重。

所有这些创新都会让万维网变得更有意义，但它们也会让万维网变得更小。这样做，我们就可以让一段时间后还未被使用的链接慢慢地自动消失。对于未被使用的网站也是如此。这类似于大脑的运作过程：无关的神经元细胞会自动自杀。我们需要让网站也这么做。这个过程会让我们变得聪明，同样也会让万维网智能化。

当然，这在很大程度上是不可行的，因为网站是受公司（而不是大自然）支配的。更大的利益并不总是主要的业务关注点。但是，我们至少可以隔离/标记那些会导致网络混乱的网站，除非它们证明自身的存在利大于弊。

| 关于新技术的谬误

虽然万维网已经达到了断点，但它仍然很有用。我们现在的目标应该是引导它走向平衡，这样它才不会崩溃。我们必须让它更有意义，但我个人并不认同以下这个理论：它正在伤害我们的大脑。

所有新技术出现时，总会有反对者。当古登堡在 15 世纪发明了印刷机时，很多人认为大量印刷会改变我们的大脑。有传言说，伟大的苏格拉底反对文字。很多人警告说电报、电话、收音机、电影和电视会损坏我们的大脑。

《自然》杂志在 1889 年刊登过一篇题为《大自然对天才的报复》（*Nature's Revenge on Genius*）的文章，该文章认为每个新技术的发明都会让我们变得越来越黯淡。尼古拉斯·卡尔的前辈将"电"这项新技术论证为头号公敌。我们应该阅读文章中的一些内容，看看当时人们对这项新技术有多么恐惧。这类似于如今某些人对万维网的描述：

对我们来说，现在最危险的"宠儿"是在电报、路灯和电话中使用的电。我们已经将电应用于最基本的国内产业中，它们无所不能的表现最终会将我们困在自己的住所里。我们生存所需的空气中将满布会给我们带来灭顶之灾的灯丝。我们认为电灯不是必不可少的东西。它不是必需品，而是奢侈品。彻底损坏它就能减少我们面临的危险……电话是最危险的，因为它会进入千家万户。电线网会永远威胁着我们的生命和财产。

历史已经证明，除了原子弹之外，新技术的出现会让我们活得更舒适，而不是将我们"困在自己的住所里"。工具从来都不是问题，虽然内容偶尔会出现一点问题。万维网本身不会崩溃，我们需要自己筛选（去除不好的内容），才能让万维网变得更好。

面包、手机与社交：

真正的网络都是自发的

当科技变得无处不在时，它就会改变我们。互联网，尤其是社交网络会像语言那样改变我们的生活吗？答案是肯定的，而且它们会成为一种文化。这是一个全新的世界，它会永远地改变个人、政治家、企业和政府。它正在缔造出全新的胜利者和失败者。

| 谁来负责面包的供应

所有我们喜欢的网络（大脑、蚁群、互联网、万维网）都是自发组织的。

在苏联解体后，英国的一位经济学家收到来自俄罗斯圣彼得堡一位同行的提问："谁负责伦敦居民的面包供应？"对于生活在资本主义国家的人来说，很难理解这个问题。如果只是觉得这个问题很奇怪，就真的低估了它。英国的经济学家给出了严肃的回答："你这话是什么意思？没人负责！"

对于长期生活在所有生活细节都被中央政府计划好的社会中的人来说，全新资本主义体制下的俄罗斯官员无法相信这种蓬勃发展的供应链网络竟然是自发的。如果你仔细想一下，也很难相信这些复杂的任务竟然是在没有人负责的情况下完成的。但这就是自由市场的运行方式：它们在没有集中控制、没有官僚作风、没有调控的情况下兴旺发展。在自由市场中，公司会完美地提供依赖于复杂事件链的服务。即使是像面包这么简单的东西，也有生面团制造商、面包师、店面和其他公司，他们需要在没有集中控制的情况下完美地配合，给消费者提供产品。即使这位英国经济学家在仔细思考这个问题后，也对自己的回答做出了评论："如果仔细思考这个答案，就会觉得这真是难以置信。"

也许正因如此，20世纪末科学家才发现大脑并不存在集中控制区域，蚁后和其他蚂蚁都不会控制蚁群。也许美国政府正是了解了这一点，才会在 1995 年放弃了对互联网的控制。也许创造了万维网的欧洲粒子物理研究所（European Organization for Nuclear Research，CERN）也非常清楚这一点，因此在 1993 年他们明智地宣布，所有人都可以免费使用万维网。

因此，所有我们喜欢的网络（大脑、蚁群、互联网、万维网）都是自发组织的。正如英国的小麦种植者、面包师和杂货店网络，它可以确保所有英国人都可以在无人负责的情况下，花几英镑的价钱买到一块面包。

强迫与非自然的增长只会导致网络的崩溃

无人负责对面包分配、大自然，甚至对互联网来说都是一件好事。但是，企业需要有负责人。企业的专政（而不是民主）通常都是一件好事。自上而下的领导方式通常都比民主更适合于企业，因为集中决策对成功来说至关重要。但是，当企业运行某种网络时，集中控制的结果并不会有多好：长长的面包生产线和系统失效最终会导致网络崩溃。企业关注的增长和盈利通常都与效率和稳定性不一致。但是，企业领导者通常会使某个网络超过其断点，并继续推进。

讽刺的是，第一个创建主流社交网络的人是汤姆·安德森（Tom Anderson）。1985 年，刚升入高中的他就发现了如何入侵美国大通曼哈顿银行（Chase Manhattan Bank，CMB）的计算机系统，这对于一个高中生来说是很不可思议的事情。安德森和他的朋友们分享了他的新知识，这最终促使美国联邦调查局突袭了安德森及其好友的住宅并没收了 24 台计算机，终止了他们的黑客计划。

尽管失去了心爱的电脑，但安德森并未放慢脚步，他在为几家成功的科技公司工作后，于 2003 年和别人一起创办了 MySpace。安德森和他的团队开始推动 MySpace 高速增长：从最初只有几个用户增长到了 2006 年末的几亿用户，同年它还成为访问量最多的网站，其月访问量比谷歌还要多。

2007 年，我在《我们改变了互联网，还是互联网改变了我们》（*Wired for Thought*）一书中预测，MySpace 很快就会被当时鲜为人知的 Facebook 超越。大多数人（包括哈佛商业出版社的编辑）都认为我是在痴心妄想。MySpace 当时十分流行，专家们甚至预测它会超越谷歌、雅虎、文字，甚至是通信本身。但是，就像之前出现过的所有社交网络一样，MySpace 最终衰败了。

2012 年是 Facebook 大展身手的一年。该公司在 2012 年5 月以每股 38 美元的价格挂牌上市，但两个月后就跌破了19 美元。为什么会出现这种大幅度的下跌？专家们给出了很多理由，包括糟糕的投资者关系、缺少收益和锁定期的结束，甚至还有人不停地说可能是"CEO马克·扎克伯格一直穿连帽衫"的缘故。现在的他是一个受人尊敬的天才，正是他从头开始创建了Facebook（除了有犯罪记录之外，MySpace的汤姆·安德森一直都很优秀）。

虽然扎克伯格很聪明，但他很可能就是问题的一部分。和之前的其他社交网络一样，Facebook是人造网络，该网络是由一家公司控制的，而这家公司又是由一个人控制的。有人认为它的创建并不是为了赚钱，但它是一家有股东（到2012年为止）和公众股东的公司。增长和盈利关乎公司的生存，但它也可能意味着网络本身的灭亡。

这些网络可以自由增长时，它们自然就会达到平衡。高效的网络会受到环境的限制。但是如果某个网络是以营利为目的的，就很容易超过断点。危险的是，非自然的、强迫的增长会导致网络的崩溃。这就是发生在MySpace上的事情，而它现在正发生在Facebook身上。

这种情况引发了几个问题：以营利为目的的公司也能经历自然网络增长、断点和平衡的阶段吗？是让人管理这种网络，还是说集中控制让它自然灭亡？被控制的网络一定会崩溃呢，还是说最聪明的人（就像扎克伯格那样）会引导这些网络通过自然阶段，并帮助它们达到智能平衡？

> 如果某个网络是以营利为目的的，就很容易超过断点。危险的是，非自然的、强迫的增长会导致网络的崩溃。

断点：互联网进化启示录
Breakpoint：
Why the Web Will Implode,
Search Will Be Obsolete,
and Everything Else You
Need to Know About
Technology Is in Your Brain

| 社交网络的生存之道：返璞归真

显然，集中控制并不会限制网络的第一个阶段——指数式增长。我们见证了多个社交网络的高速增长，除了 Facebook 和 MySpace，还有它们的先驱 Classmates.com 和 Friendster。当时的它们好像会永远增长下去，但实际上 Classmates.com、Friendster 和 MySpace 在达到断点后就逐渐崩溃了。

和所有软件一样，社交网络在吸引用户和满足其需求的能力上也存在着限制：它们的生存依赖其实用性。当用户登录到社交网络上进行社交活动时，他们希望能完成特定的任务。如果用户太少，就会带来很明显的问题：无法与足够多的人进行互动。增长是临界点创建必不可少的阶段，每一个成功的社交网络都做到了这一点。但是，大多数社交网络都是在这个增长阶段走向失败的。

拥有太多个体的网络也会带来麻烦。只有两个人参加的鸡尾酒舞会非常无聊，但如果有两千个人又太多了。在后一种情况下，舞会将变得拥挤、混乱，而且举办起来也完全不切实际。

我们能进行多少社交活动呢？为了深入了解这一点，我们需要再次求助于大脑——具体来说，就是新皮层处理的概念（智能数学）。英国人类学家罗宾·邓巴（Robin Dunbar）提出了关于"新皮层处理限制了人类维持有意义社会关系的数量"的说法。对于人类来说，这个数字大约是 150。这意味着一个人很难维持超过 150 个人际关系，这就是大脑的社交断点。从理论上来说，所有依赖于人类社交能力的网络都需要遵循这一限制。有趣的是，某个叫 Path 的社交网站的创始人从"邓巴数"（即 150 定律，可以承受的人数上限）中获得灵感，最多只允许用户设置 150 个朋友。

但是，Facebook 已经远远超出了这一范围。在 Facebook 上，每名用户平均拥有 262 个"朋友"，因此很多朋友的"质量"都不高。这会带来什么样的结果呢？也许你会收到这样一个通知：阿普丽尔·利德摩尔（April RidMoore）在"声破天"（Spotify）上下载了"叫我可能"（Call Me Maybe）的歌曲。利德摩尔是谁？她就是你弟弟上高中时关系不错的女孩子，去年曾经"戳"了你一下。

> "新皮层处理限制了人类维持有意义社会关系的数量"。对于人类来说，这个数字大约是 150。这意味着一个人很难维持超过 150 个人际关系，这就是大脑的社交断点。

断点：互联网进化启示录
Breakpoint:
Why the Web Will Implode,
Search Will Be Obsolete,
and Everything Else You
Need to Know About
Technology Is in Your Brain

从某种程度上来说，Facebook 也试图限制其网络的自由增长。为此，他们曾经推出了能让用户轻松禁用通知的功能，同时在简化这类操作方面取得了重大的进展。用户在 Facebook 上面"偶遇"的人，通常都是他们现在认识、以前认识或间接认识的人（MySpace 则不同，用户每周都会收到很多人完全随意发出的交友请求）。

Facebook 从本质上来说是"网络的网络"，因此在智能化和成功程度两方面都超越了以前的所有社交网络。正如该公司所说："Facebook 是由很多网络组成的，每个网络都基于某个工作场所、区域、高中或大学。"从很多用户都有非常密切的关系这个意义上来说，每个网络都紧密相连。但在不同的网络之间，用户的关系就没有那么密切了（正如大脑的神经元大部分都与子网络中的神经元链接）。Facebook 的这种安排从开始时就是可控的——首先是哈佛大学，然后是其他学校，最后是公司。正是这种"网络的网络"方法曾让我做出预测：没有这么多混乱的 Facebook 将在 2007 年超越 MySpace。

但是，对于用户来说，一些主动提供的、无价值的通知会降低 Facebook 的实用性。耗费你以前的新皮层处理能力来找出与你生活无关的人（永远不可能成为你 150 个有意义的社会关系的其中之一，即使是朋友的朋友），这无疑是低效的。

那么，当你发现自己所处的网络太大时会怎么做？有人认为应该清理朋友名单、取消更新消息订阅并阻止所有通知。但是，几乎没有人这么做。他们只会减少使用并注销账号，继续寻找下一个"栖身之所"——一个更整洁、社会结构更简单的网络。通过超过承载能力而达到断点非常有用，这样旧网络（像以前的所有社交网络）就会灭亡。

不过要记住，我们还有其他选择。我们已经知道，提高万维网承载能力最好的方法就是让它变得更有用且不会太让我们分心。对于社交网络来说也是如此。我们仍然可以将大脑作为示例。当它达到断点后，大脑就会通过细胞自杀来过滤掉无关的消息，它还能加深重要的连接，我们反而会因此变得更聪明。

如果 Facebook 变得更智能会怎么样？它会分出并增强重要的关系；消除薄弱环节并自动删除不活跃的朋友关系；如果没有共同的好友，就会增大交友请求的难度。将朋友关系活跃的用户活动放在显著的位置，并让不活跃的用户活动逐渐消失。Facebook 必须帮助用户培养 150 个"真正的"社会关系，并过滤其他不直接相关的关系。Facebook 公司已经在这个方面取得了一些进展，但他们必须加倍努力，这也是他们提高其价值的唯一机会。

有趣的是，Facebook 无意中尝试了这种"返璞归真"的方法，并取得了巨大的成功。Facebook 的手机浏览器和应用程序都是网站的精简版本。这两个版本都去掉了不重要的东西，只保留了最基本的功能：在公告墙上发帖、阅读新信息流、收发消息。也就是说，用户只能与最重要的人进行交流。当然，Facebook 的本意并非是要清除那些不重要的功能，这些修改并非出于需求，而是因为移动设备太小了，无法容纳过多的信息。

这一改变效果却很惊人。2012 年，Facebook 的用户平均每个月要花 7 个小时在 Facebook 移动版本上，而在个人电脑上花费的时间为 6 个小时。尼尔森发布的数据显示，2012 年，Facebook 个人电脑端的独立用户数量首次同比下降，但移动版本继续表现出创纪录的增长。网页版 Facebook 已经超过了断点，并开始下降。但在移动设备上，用户正在表现出健康而创纪录的增长。这证明，简单的东西更实用。

　　不可否认的是，移动端用户增长的大部分原因是智能手机比电脑更方便。虽然移动设备的普及是其中的一个原因，但我们不应该忽视更为简单的界面的实用性。实际上，其他社交网络，如拼趣图（Pinterest）、Yelp、Twitter、LinkedIn，甚至是 Facebook 旗下的 Instagram 的网页版访问量都没有出现下降。Facebook 包含的内容实在太多了，让用户有点无法忍受。

　　一些专家认为，Facebook 必须找到一种方法来加强其移动端的功能。也正是这些人认为，Facebook 需要不惜一切代价来取得成功。Facebook 似乎同意这种观点，并正在制作功能丰富的产品。我实在无法赞同这种做法。如果 Facebook 无法满足用户的需求，就相当于在给竞争对手机会。

　　谷歌在 2011 年推出了 Google+，并努力避免先前社交网络出现的错误。Google+ 中没有广告和垃圾邮件，而且它鼓励人们只和最好的朋友联系。谷歌的产品副总裁布拉德利·霍洛维茨（Bradley Horowitz）在评论 Facebook 时这样说道："较晚进入市场并不好玩，但这确实给了你和用户交谈的机会。他们的哪些需求还没有得到满足？他们喜欢和不喜欢的东西分别是什么？我们相信，在网络世界中你应该与用户对话，这样才能留住他们。"

　　与 Google+ 不同的是，Twitter 并没有限制用户之间的联系，但它确实非常简单。虽然 Twitter 的用户数和用户活跃度不如 Facebook，但它正在高速增长。Twitter 尤其适合于移动世界，其使用数据证明了这一点。Twitter 用户每个月要花两个小时在 Twitter 应用程序或手机网站上，但使用电脑浏览 twitter.com

的时间只有 20 分钟。不过，这两个版本仍在继续增长。

Twitter 的性质将干扰降到了最低。因为一条消息只允许有 140 个字符，所以你必须直奔主题。使用 Twitter 的另一种方法是：系统中用"关注者"来代替"朋友"。在 Facebook 中，如果你接受了某人的好友请求，那么你们互相都能看到对方的更新。这是一种相互的关系。Twitter 并非如此，这意味着你可以随时欢迎阿普丽尔·利德摩尔这样的人关注你，但你无需关注她。你不会陷入尴尬的境地，你可以选择拒绝或者不理会她的好友请求。

Twitter 的信息模型与大脑的更为相似。每个神经元都有入站链接和出站链接，有时会同时通过入站和出站链接来连接两个神经元，但并非总是如此。信息会向着最有用的方向传送，如果另一个神经元没有响应她的出站链接，她也不会受到伤害。噪声和干扰会被降到最低；任务会被高效地执行；每个"人"（神经元）都很开心。

> Facebook 目前是社交网络的代名词，而这也正是它的价值主张。它将深深融入到我们日常生活的方方面面。但它不会是另一个巨头。未来的社交网络将是更小的专门性（例如，干扰较少）的网络。

断点：互联网进化启示录
Breakpoint:
Why the Web Will Implode, Search Will Be Obsolete, and Everything Else You Need to Know About Technology Is in Your Brain

我并不是说 Twitter 或 Google+ 会超越 Facebook。相反，我相信 Facebook 在社交网络方面会有很好的未来，但它可能不会变成巨头。Facebook 目前是社交网络的代名词，而这正是它的价值主张。它将深深融入到我们日常生活的方方面面。但它不会是另一个巨头。未来的社交网络将是更小的专门性（例如，干扰较少）的网络。Facebook 也知道这一点。

Facebook 已经以十几亿美元的成本，收购了 Threadsy（社交分析公司）、Spool（移动书签服务公司）、Tagtile（移动客户忠诚度创业企业）、Gowalla（签到服务网站）、Strobe（移动技术创业公司）、Friend.ly（在线问答服务创业公司）、Push Pop（数字图书制作创业公司）、Karma（社交礼品应用开发商）、Lightbox（照片分享服务商）、Glancee（地理位置服务商）等等，虽然你可能从来都没有听说过这些公司。

Facebook 最昂贵的一项收购莫过于 2012 年对 Instagram（照片分享网站）的收购，当时花了 10 亿美元。有趣的是，Facebook 努力让 Instagram 保持独立。扎克伯格在宣布收购时这样解释："我们需要尽量保持并建立 Instagram 的优势和特点，而不是把所有内容都整合到 Facebook 中。"虽然随时可以将 Instagram 中的图片粘贴到 Facebook 中，但你也可以单独使用 Instagram（它本身就是社交网络）或者在 Twitter、Tumblr 或 Foursquare 中使用它。扎克伯格像脑科学家那样思考，让 Instagram 继续链接到其他网络中。2012 年 12 月，他改变主意并切断了 Twitter 和 Instagram 之间的连接。任何一家公司都难以避免集中命令和控制。

Instagram 的未来非常值得关注，因为它是社交网络革命和最新视觉革命的结合。分享图片一直是我们近十年来社交体验的重要组成部分。20 世纪 70 年代和 80 年代的孩子是在闪光灯下成长的一代，他们的父母会把照片洗出来并扔掉那些照的不好的，把最好的照片多洗一份来送给奶奶。而出生在 20 世纪 90 年代末（及以后）的孩子们则对摄影有完全不同的态度：他们希望把生活中的每一刻都拍下来，挑出他们觉得有趣的照片并对它进行标记，然后立刻将这张照片上传到网上供大家观看。Instagram 会调整图片的亮度和对比度并允许用户使用过滤器，从而让照片看起来更漂亮；它还允许用户创造出一种意境——也许是通过黑影来增加戏剧性，或者是通过褪色效果来营造出复古的感觉。和互联网一样，视觉革命不仅改变了我们的交流方式，还改变了我们对自己的看法。

> 和互联网一样，视觉革命不仅改变了我们的交流方式，还改变了我们对自己的看法。

断点：互联网进化启示录
Breakpoint :
Why the Web Will Implode,
Search Will Be Obsolete,
and Everything Else You
Need to Know About
Technology Is in Your Brain

拼趣图是全新的社交网络，它也是视觉革命的一部分。它尚未被 Facebook 收购，但我敢打赌他们一定正在洽谈此事。拼趣图强调的是装饰品、服饰、菜单等的图片。无需任何语言就可以对某人的图片墙（Pinboard）作出评论。从全球交流的角度来看，这非常有趣：虽然我们最终只能通过被连接到互联网上的思想进行交流（无需共同的语言），但通过照片进行交流（胜过千言万语）通常是第一步。我们的照片会说出我们的故事，因此把所有照片连接到一起的网络具有很高的社会智力。

社会网络真的重塑了我们吗

当然，就像所有新技术出现时都有抗议者一样，有人认为这种社会共享性非常可怕。从 20 世纪 90 年代中期开始，就有很多人强烈抗议互联网融入到我们的生活中。反对者声称，它会让我们产生依赖感，从根本上重塑我们。我完全同意这个观点。我们确实有了依赖性：想一下你上次找不到智能手机时的慌张感。但没有办法阻止它，而且我们也不希望这么做。《连线》杂志创始主编凯文·凯利是这样说的：

> 我们如此依赖互联网，以至于我现在都不想记忆东西了——我会直接到谷歌上搜索它。很容易就可以做到这一点。我们起初还会反对："这太可怕了。"但如果我们想想对其他技术的依赖，就觉得没什么了。比如说我们非常依赖于字母表和文字，但它们现在已经变成了一种文化。我们根本无法想象没有字母表和文字的生活。我们同样也无法想象没有计算机的生活。

当科技变得无处不在时，它就会改变我们。互联网，尤其是社交网络会像语言那样改变我们的生活吗？我的答案是肯定的，而且它们会成为一种文化。这是一个全新的世界，它会永远地改变个人、政治家、企业和政府。它正在创造着一种全新的胜利者和失败者。

可以肯定的是，我们已经经历了一些社交媒体的失败：一位加拿大妇女因为在 Facebook 上上传了她的度假照片，失去了她声称患忧郁症而享受的伤残福利；离婚律师经常搜集顾客前任在 Twitter 和 Facebook 上的发言，并将获得的信息用于赡养费和子女抚养权的协商中；一位母亲失去了孩子的抚养权，因为她的 Facebook 个人资料显示她大部分时间都在玩 Facebook 上的游戏《乡村度假》（Farmville）。每天都有人因为社交媒体而被解雇（例如请了病假，却去参加派对并上传了派对照片）或不被雇用 [大多数公司都不会雇用个人资料图片是一个双手各拿着一瓶龙舌兰酒的人，不管他是不是在庆祝五月五日节（Cinco de Mayo）]。

即使是拥有公关能力的公司也有过类似的社交媒体失言事件。奈飞公司的 CEO 在 Facebook 上吹嘘说：奈飞的用户每个月观看视频的时间是 10 亿个小时，因此美国证券交易委员会（SEC）决定调查其是否违反了"披露规定"。肯尼思·科尔（Kenneth Cole）在 2011 年埃及革命期间发了一条消息："开罗发生了上百万人的骚乱。传言称这是因为他们听说本公司的春季系列已经上市，请登录 http://www.bit.ly/KCairo-KC。"不出所料，这种麻木不仁的评论很快就被传开了，引起了竞争对手和粉丝们的一致鄙视。

> 在社交媒体时代，胜利者和失败者之间的差别非常简单。成功不再是精美的包装和被严格控制的信息。每个人都能看到你在做什么时，最重要的价值就是透明、诚实和可信。

断点：互联网进化启示录
Breakpoint :
Why the Web Will Implode,
Search Will Be Obsolete,
and Everything Else You
Need to Know About
Technology Is in Your Brain

这类错误的发生是因为没有意识到社交媒体的广泛影响。老板、选民、顾客，甚至是前妻的离婚律师都会关注你。他们只需要点击一次鼠标就可以远离你（而不是通过六度分割理论）。除了广度外，企业和机构还必须确认社交媒体好友、关注者和订阅者的深度。选择通过社交媒体关注你的人是真正关心你的人。他们是马尔科姆·格拉德威尔所说的内行，而最会交际的就是所谓的联系员。如果你是一位摇滚明星，那么他们可能就是你的粉丝。你可以忽视他们，也可以低估他们，但由此带来的后果要由你自己承担。

显然，如果你的粉丝反对你，那将是非常可怕的事情。很多人都找到了一种方法，成功地驾驭着这个全新的世界。坎耶·维斯特（Kanye West）在 Twitter 上为在格莱美奖上抢了泰勒·斯威夫特（Taylor Swift）的话筒道歉后，大部分粉丝就原谅了他。百事可乐很快就通过 Twitter 为百事可乐的一则广告——"一个非常孤独的卡路里企图自杀"而道歉。通过使用 Twitter（而不是传统媒体），百事可乐和坎耶·维斯特快速、直接地接触到了最重要的人。

由于社交媒体具有非正式的、个人的和及时的特点，因此它很适合于道歉和伤害控制。如果你在新媒体上出现了负面消息，那么使用旧媒体技术扭转它的可能性就为零。正式的公司声明比不上 Yelp 的 1 星评价，也比不上 Facebook 的"抵制某某公司"群组。2009 年，达美乐比萨被 YouTube 上的一段视频弄得措手不及：两个心怀不满的员工正在对着三明治放屁和打喷嚏。在公司通过社交媒体进行反击之前，这简直就是公司的公关噩梦——他们上传了自己的 YouTube 视频，解释了他们对这种情况的处理方案，并创建了专门的 Twitter 账号来处理顾客对相关问题的关注。因为他们对公众的快速直接的得体反应，达美乐比萨成功地处理了这个灾难性的事件。

与此类似的是，2011 年塔可钟（Taco Bell）遭到了攻击——消费者对其提起了集体诉讼，指控该餐厅的牛肉并不是真正的牛肉。塔可钟在 Twitter 上使用史蒂芬·科拜尔（Stephen Colbert）的沉思作为反击。他们在 Facebook 上免费提供玉米饼，鼓励顾客自己决定牛肉是否有问题。虽然他们的销量在短期内有所降低，但 Facebook 上 700 万忠实的"朋友"仍然十分热情，最后诉讼也被取消了。

在社交媒体时代，胜利者和失败者之间的差别非常简单。成功不再是精美的包装和被严格控制的信息。每个人都能看到你在做什么时，最重要的价值就是透明、诚实和可信。即使拥有最先进的隐私保护工具（如私人列表、私信和圈子），在社交媒体中保持安全的最佳方式就是做你自己。假装成为别人或者试图隐瞒或操纵事情真相，就一定会失败。通过与现实相符合的形象诚信做事，犯错时诚恳地道歉，你就能获得成功。

| 真正的网络是自发而非控制的

社交媒体最有趣的部分可能是它没有等级结构。因为没有人负责，所以用户们就不可避免地控制着网络，并将网络转化为他们自己的财产。"tweet"这个词是用户（而不是 Twitter）自己创造的，Twitter 的标签（＃号）也是由用户们自己创造的。缺乏组织结构肯定会造成错误，但是它也会带来巨大的效益、增长和进步。

　　和社交网络一样，全球的蚁群都没有集中任何形式的集中控制。虽然我们将母蚁称为蚁后，但它只负责产卵。蚁群中没有父母、没有总统、没有集中控制。作为大型企业的CEO，很容易获得一些组织管理方面的建议。我们只负责产卵（想法）并置身事外是不是会更好一些？

　　真正的网络没有领导层，真正的网络会比企业、政府和其他等级制度存在的时间更长。研究最大的组织就是研究网络化组织。

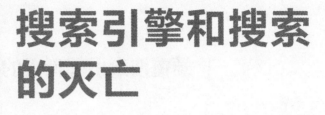

搜索引擎和搜索
的灭亡

搜索的世界正在以前所未有的速度前进着。随着谷歌在搜索引擎世界争霸战的开始，搜索引擎经历了快速的更迭。新设备和应用程序的出现，无疑预示着搜索引擎和搜索的灭亡。当思想和机器交互的新世界来临时，我们要做的第一步就是要想象并了解这意味着什么。在存在无数可能性和选择方案的情况下，如何将预测转化为行动，并围绕这些改变来创造企业、经验和新世界，这才是真正有趣的地方。

| 颠覆搜索引擎世界的谷歌团队

　　1999 年，玛丽莎·梅耶（Marissa Mayer）从斯坦福大学毕业，并获得了计算机科学专业的学士和硕士学位，这两个学位都专门针对人工智能领域。虽然接到了 14 个入职通知书，但梅耶没有选择最赚钱的职位（甲骨文、卡内基梅隆大学或麦肯锡的职位）。最让她感兴趣的是来自谷歌的入职通知书，当时的谷歌只有 19 个员工而且几乎没有收益，但公司内部充满了激情。梅耶说她会想起生活中的其他决定并分析了它们的共同点。"每一次，我都会选择与最聪明的人一起工作……而且我总是选择没有做好准备的事情。在这种情况下，我就会有点不知所措，我会觉得我有点太高估自己了。"

　　因此梅耶拒绝了名牌大学的工作和收入丰厚的咨询工作，并开始在谷歌总部工作——位于斯坦福大学附近帕洛阿尔托一条安静的街道上的一间小办公室。她成为公司的第 20 个员工，承担着设计搜索引擎主页的任务。

　　在分析了上百个搜索引擎和网站后，梅耶确定他们需要改变。当时大多数的网站都充满了信息和链接，几乎所有组织的结构都非常复杂。因此她决定将简洁作为谷歌的不同之处。梅耶一手创建了谷歌主页：只有一个搜索框和一个按钮。

"手气不错"按钮是后来添加进去的，从那时起，该搜索引擎的界面就再也没有改变过。梅耶这样解释："谷歌应该是干净简单的，是你随时都想使用的工具。"

梅耶和谷歌团队颠覆了搜索引擎的世界，它是万维网的入口。他们使用了一种新搜索算法，该方法复制了大脑的工作原理。他们对比了网站链接和神经元链接，并对网页进行了重组。但是，他们进一步专注于搜索器（电脑）如何为检索者（我们）显示结果。他们成功了！他们推翻了以雅虎和其他网站（已经消失）为首的"旧政权"。

讽刺的是，2012 年雅虎任命玛丽莎·梅耶为新的 CEO。2012 年，已经很少有人使用雅虎了。曾经辉煌的雅虎正在逐渐没落，收益的减少、最低的市场份额和用户的减少都能证明这一点。雅虎已经远远超过了环境承载能力的断点，所有人（包括公司的领导层）都已经放弃了搜索业务。雅虎竟然将整个搜索产品都卖给了他们曾经的竞争对手微软。但是，梅耶接受了该职位，她肯定看到了一些不同的东西。

也许我们也应该这样做。我们很容易放弃处于困境中的公司，但在业务上放弃太早和太晚都一样糟糕。有时某个公司已经走在前沿了，只是我们还没有看到它而已。有时我们看到的衰退，只是因为它正处于寻求平衡的技术过渡期。

我们经常会忘记，人们经常落后于大部分技术创新，而一个伟大的领导者和他的远见卓识可以改变一切。起初的苹

> 我们经常会忘记，人们经常落后于大部分技术创新，而一个伟大的领导者和他的远见卓识可以改变一切。

断点：互联网退化启示录
Breakpoint :
Why the Web Will Implode,
Search Will Be Obsolete,
and Everything Else You
Need to Know About
Technology Is in Your Brain

果公司就是这样一颗很快陨落的耀眼新星。我们以一种非常有远见的方式来讲述这个故事：公司专注于专有技术，但在数字化时代中它太过于简单了。它们的设计虽然很漂亮，但却完全不实用，而且很难使用。因此董事会开除了 CEO 史蒂夫·乔布斯，并聘请了一位教条主义的管理者。这样做的结果是，公司差点倒闭，技术岌岌可危，股票几乎没有任何价值，公司根本看不到未来的前景。

之后发生了一件有趣的事情。史蒂夫·乔布斯重返苹果，并给公司带来了辉煌。在这个过程中，他将苹果变成了世界上最大的企业。部分原因是，苹果重新开始创新，但最主要的原因是他们站到了未来的高度。乔布斯给苹果公司制定的基本原则是：简单、优雅的设计，对硬件和软件的极权控制，无情的竞争。这一次，世界已经准备好迎接乔布斯的愿景，而苹果公司也重新走向了辉煌。

人们经常将公司的成功归因于 CEO 们，但有时个体也会发挥重要的作用。这些情况下的成功源于 CEO 的远见卓识。往往开始时公司会失败并掉入万丈深渊，但它最终会取得更大的成功。它自身就是一个断点。苹果和谷歌都是如此。现在的问题是梅耶是否是谷歌成功的关键，她是否能够通过回顾未来，来推动雅虎前进。

| 搜索引擎世界的角逐

雅虎刚开始时只是"杰瑞的万维网指南",但它并不像听起来那么复杂。它是大卫·费罗和杨致远心血的结晶。这两名斯坦福大学的博士生创建了该指南来与同学们分享他们最喜欢的网站。这个网站早期只是列出了大卫和杨致远所喜欢的网站名单,并对它们进行了分类。人们可以选择网站上最好的内容来呈现给别人。

虽然刚开始时十分简陋,但雅虎经过了快速的增长,在一年时间内就获得了每天100万次的点击率。随着用户群的不断增加,他们需要的内容也就更多。它开始从只有字母排序的分类页面增长为动态的、功能丰富的一站式服务。它适合于人们进行网上冲浪和探索。它并不是搜索引擎,而是为了消除人们对搜索引擎的需求。雅虎是一个门户网站,一种"欢迎来到互联网"的主页,这些在1994年都是人们的迫切需求。普通用户不知道可以从这个新奇的互联网中得到什么——他们需要一个导游,而雅虎门户正好充当了这个角色。搜索并不是关键,因为没有人知道要搜索什么。

想象一下你第一次登录到了一个完全不了解的星球的情景。你不会走出飞船并开始寻找老虎。你甚至不知道是否有老虎,即使它们确实存在,你也不知道该怎么称呼它们。你可能需要一名导游来陪同你参观这个星球上最有趣、最有价值的特征,尤其是当有人不可避免地接起电话,不小心将你撞出这个星球之前，你必须在有限的时间内从一个地方到达另一个地方的时候。

当人们慢慢熟悉互联网后，他们对导游的需求就会减少。人们开始使用互联网来搜索具体的信息，因此搜索框就会成为一个重要的特征。搜索引擎开始出现，如狼蛛（Lycos）、Excite 搜索引擎、Altavista 搜索引擎、麦哲伦（Magellan）、搜信（Infoseek）和 DogPile 元搜索引擎。这些搜索引擎有一个共同的目标，就是索引尽可能多的网页。早期的搜索引擎通过关键字来组织网页的内容，它会在巨大的规模上进行搜索。搜索引擎进行索引的页面越多，结果越好。谷歌刚开始时也使用这种模式。当创始人拉里·佩奇和谢尔盖·布林仍在斯坦福大学读书时，谷歌已经可以在每秒钟内抓取将近 50 页内容了，而它对网站进行索引的速度甚至更快。

20 世纪 90 年代，没有任何搜索引擎占据过主导地位。事实上，1996 年网景通信公司为其门户网站制作搜索引擎时，它与 5 个搜索引擎达成了协议并轮流使用它们。到了 2000 年，当雅虎寻求类似的协议时，谷歌就成了它明确的选择。要记住的是，雅虎从来都不是、将来也不会是搜索引擎，它被创建为门户网站，由人（而不是机器）来进行搜索。雅虎最初确实有搜索栏，但它只搜索自己网站内的目录，而不是网上的全部内容。

大多数人认为搜索引擎就是查找信息，甚至认为"搜索"这个词和"查找"是配对的，但这仅仅是第一代搜索引擎的工作原理。它们会查找尽可能多的网页。然而，由于每天都有几十亿个网页被添加到网络中（有些非常有用，但大多数都没有任何价值），因此当前搜索引擎的主要目标是过滤，不是查找，而是淘汰。

谷歌做出了根本性的转变：将重点从索引网页的数量转变为搜索结果的质量。随着互联网的增长，这个需求变得更加明显。无独有偶，大脑也是这样回想或搜索信息的。它会给重要的信息指定相应的值，并丢掉其他所有内容。

> 在雅虎，杰瑞是搜索引擎的大脑；而在谷歌，互联网本身就是大脑。

断点：互联网进化启示录
Breakpoint：
Why the Web Will Implode,
Search Will Be Obsolete,
and Everything Else You
Need to Know About
Technology Is in Your Brain

如何确定互联网中要丢弃和保留的信息？计算机程序如何告诉人们什么信息最有价值？谷歌引导的新一代搜索引擎，用一个简单的概念解决了这些问题：某个网站的重要性与链接到该网站的其他网站数量成正比。链接的数量和质量都很重要。人们认为，被很多知名网站链接的网站是最好的网站。让我们回到"杰瑞的万维网指南"，杰瑞会自己判断网站的质量，如果他喜欢这些网站，就将它们加入列表中。但是在谷歌中，杰瑞被换成每个网站的网络管理员，并让他们选择链接。他们的想法是：如果一个网络管理员链接到某个页面，那么他肯定喜欢该页面。

现在有几百万个杰瑞，谷歌基本上会听取他们所有人的建议并汇总结果，用以对每个网站进行排名并决定该网页在搜索结果中的位置（第 1 个、第 15 个还是第 400 个）。结果是：具有最好链接的网站会出现在搜索结果的第一位。一旦某个网站出现在谷歌搜索结果的首位（所有网站的目标），它就会更受欢迎，并获得更多链接。

听起来很熟悉吗？确实是，因为这就是大脑的工作原理：最好的神经元（具有最多连接）具有最多的链接。在雅虎，杰瑞是搜索引擎的大脑；而在谷歌，互联网本身就是大脑。

谷歌算法以自己的方式来模拟大脑的需求，从而找到好内容并删除不好的内容。谷歌确定链接相关性的方法就是神经网络系统的工作原理。神经元之间的链接是基于它们之间的相关性（或连接）作为权重，并用该权重来触发/抑制活性。谷歌使用类似的结构，通过搜索结构来对网站进行排名或抑制。

谷歌算法模拟大脑这一点并不奇怪。拉里·佩奇的博士生导师是特里·维诺格拉德（Terry Winograd）——他不仅是斯坦福大学计算机科学专业的教授，还是脑科学领域的权威专家。维诺格拉德在其著作《自然语言理解》（*Understanding Natural Language*）、《作为认知过程的语言》（*Language as a Cognitive Process*）和《对计算机和认知的理解》（*Understanding Computers and Cognition*）中探索了人类和计算机通信的桥梁。也就是说，佩奇创建谷歌时就对大脑非常熟悉了。而且假如佩奇需要了解认知、语言和计算机之间的联系，他只需要求助于自己的父亲卡尔·佩奇即可，他是密歇根州立大学的教授和人工智能领域的专家。

虽然具有一流的结果和坚实的脑科学根源，但在2000年之前，谷歌还鲜为人知——雅虎在这一年将它作为官方搜索引擎（和"杰瑞的指南"一起），并将它介绍给数百万名用户。你肯定想知道，当时如果雅虎知道它给了日后最大的竞争对手一个机会，它会怎么做呢？

| 搜索大战的胜利者：谷歌

在 21 世纪最初的 10 年，谷歌开始大量推出产品，这些产品多是在玛丽莎·梅耶的带领下完成的。虽然谷歌的主要业务是搜索，但它逐渐成了具有新闻、视频、免费邮箱等业务的门户网站。即使是世界上最优秀的搜索引擎公司也已经多元化了，它们提供给用户的要远比用户所需要的多。梅耶还在谷歌时曾经这样解释道："你随时都有自己需要的东西。我们提供了你可能需要的所有信息，即使有时候你并不需要它们。"

> 很多公司都在挑战谷歌的霸主地位，但到目前为止没有一家公司取得成功。谷歌已经成为搜索大战的胜利者。

断点：互联网进化启示录
Breakpoint:
Why the Web Will Implode,
Search Will Be Obsolete,
and Everything Else You
Need to Know About
Technology Is in Your Brain

搜索在提问者和解答问题的机器之间一直充当着通道和翻译者的角色，这是人类的基本需求，它促使人类形成了语言和更复杂的通信形式。人类设计出复杂的工具，在自己和同龄人头脑中存储信息。通信工具不仅可以让我们共享信息，还能检索信息。搜索是大脑的伟大创新，让我们可以学习、适应，并将知识传递给下一代。搜索就相当于早期的大脑功能——新的大脑区域负责有意识地使用工具。但是搜索让我们的认知能力远远超过了其他动物。当我们创造出新方法来扩展这种认知时，我们就会通过不断增加复杂性来利用它们，无论是创作岩画、表达言语、进行印刷，还是计算。

互联网的指数式增长带来了类似于大脑增长时遇到的问题：如何分类并恢复所有的信息。搜索引擎满足了过去 20 年的需求，而谷歌占据了支配地位。谷歌拥有最佳算法，能够生成可以回答你的问题的网站列表。它使用的算法与我们大脑中的算法非常相似，因为他们提供了一种自然的解决方案。

很多公司都在挑战谷歌的霸主地位，但到目前为止没有一家公司取得成功。硅谷有很多挑战谷歌的公司，它们试图生成更好的搜索结果，但无一例外都失败了。出于对失败者的尊重，我就不列举这些公司了（虽然我已经列举了一个公司）。实际上，谷歌也并不是坚不可摧的。

有一些新的挑战者对搜索结果有不同的看法。Blekko 的成功在于它没有植入任何广告，而且它的搜索结果也不亚于谷歌。它还会过滤掉没有权威来源的信息——这被巧妙地称为"内容工厂"。沃尔弗拉姆·阿尔法（Wolfram Alpha）认为自己是"计算知识引擎"，它会直接回答时事类问题，而不是提供链接列表。鸭鸭向前冲（DuckDuckGo）的界面是一只可爱的卡通鸭子，它使用网站（如维基百科）的信息来提高传统的搜索结果。当我搜索"圣莫妮卡"时，它会在提供给我一系列链接前，告诉我"圣莫妮卡是美国加州洛杉矶西部的一个城市"。

谷歌对这些竞争者的回应是"知识图谱"（Knowledge Graph），它是一个没有嵌入式广告的面板，会直接显示关于某个主题的事实和内容（而不是搜索结果）。上面的挑战者对谷歌产生了严重的威胁（谷歌也如此认为），虽然它们的名字有点蠢。Blekko、鸭鸭向前冲或者谷歌 2.0 会成为下一个谷歌吗？这是不可能的事情。谷歌已经成为搜索大战的胜利者。

但对于这些搜索创业公司来说，不幸的是，谷歌的缺点并不是搜索。谷歌的问题是更长期、更基本的问题。这些问题最终会导致谷歌搜索的终结和新搜索技术的兴起。

| 搜索革命的到来

搜索真正的创新并不是过滤广告和说出事实（而不是链接），而是更基本的东西。搜索革命包括三方面的变革：首先，搜索引擎将结合上下文将结果个性化；其次，将会出现人机界面，而搜索框会被淘汰；最后，对搜索的需求将会大幅下降，因为我们会使用专门的应用程序，并在不需要进行搜索的情况下找到问题的答案。

目前，雅虎、谷歌和其他网络公司需要解决的主要问题是：它们抓取了太多的网页，远远超过了网页排名。这应与提供给用户他们所需要的信息，他们需要信息的时间和地点有关，没有人比玛丽莎·梅耶更了解这些。

梅耶担任过谷歌的很多（一半）职务，在她到雅虎任职之前，她是谷歌本地化、地图和定位服务部门的副总裁。如果你没有使用过谷歌地图，那么唯一合理的解释就是你从来没有出过家门。这个应用程序已经代替纸质地图，并且已经被开发成软件：它会告诉你要去的地方，以及你的朋友在哪里；它还会告诉你到达那里的最短路程。传统的纸质地图不会告诉你位于下一个出口的迈克咖啡馆（Mike's Cafe）有一种非常好吃的烤奶酪（5 星评价），它也不会告诉你下一个加油站在 40 公里之外。这项技术从根本上改变了我们的生活和工作。最让人兴奋的是，它还仅仅处于起步阶段。在下一代搜索引擎中，上下文和个性化将是绝对优势。

人们知道，问题的上下文非常重要。如果你问朋友在哪里可以看到 "jaguar"，他根本就不会知道你喜欢捷豹汽车，而是会直接把你带到动物园去看美洲豹。除非你们都在南美洲的野生动物园，这种情况下他才可能会带你去汽车专卖店。如果你住在洛杉矶，那么他也不会带你去西雅图的专卖店。你的朋友能理解你的意思，是因为他知道你在什么地方以及你是谁——你的工作、爱好、家庭、位置和其他朋友。与认识我们的人交流更容易，也更有趣。人类就是这样做的，这也是我们交朋友的原因。我们的大脑是预测引擎，可以将不相干的事实连接成连贯的想法。上下文可以让我们可以做到这一点。

Facebook 正在使用这种方法来个性化用户的搜索体验。这项工作由前谷歌员工来负责一点都不奇怪。大约有 10% 的 Facebook 员工曾经在谷歌工作过。谷歌已经意识到，搜索世界已经发生了改变。如果上下文十分重要，搜索就需要将时间和空间结合起来。Facebook 在这个方面处于领先地位。

Facebook 通过让用户自然地向好友提问并接收对话结果，来创建类似于搜索的结果。这通过他们的动态信息、个人资料、社会地位和时间轴来实现。Facebook 曾经试着将所有的上下文搜索都链接到 Beacon 广告产品中。这是一场大灾难，因为它太好用了。想象一下：某个女生的男朋友刚买了求婚戒指，Beacon 就建议她寻找一款合适的婚纱——她的心情将有多复杂。

如果你最好的朋友在 Facebook 上告诉你，你这个周六晚上一定要去沃尔夫冈·帕克 (Wolfgang Puck) 的新餐厅尝试一下，那么你肯定不会查看有关该餐厅的评论，更不会去寻找其他餐厅。你会直接去沃尔夫冈·帕克餐厅品尝美食。这就是"人工向导"搜索引擎查查（Chacha）和马哈鲁（Mahalo）使用的概念。我们应该做我们一直在做的事情，并邀请朋友（或代理人）。幸运的是，我们的朋友也经常使用这些社交工具。社交分享和建议的兴起会破坏搜索的概念。如果互联网可以吸收所有的社会信息并将它与个性化背景结合起来，那么也许你自己就可以得出答案（在朋友之前）。

谷歌现在也有自己的社交网络 Google+，谷歌可以使用朋友之间的对话，在自己的搜索引擎中创建上下文。但它并不是一个解决方案，只是一个社交网络。只是将人们链接在一起并不一定会添加上下文。Facebook 通过普通对话来推送建议、警报和消息，并在 2013 年推出了自己的搜索产品——Facebook 图谱搜索（Graph Search），来帮助用户在不使用传统搜索引擎的情况下找到朋友们网络中的信息。而谷歌将会被搜索框所束缚。它肯定会将好友的反馈信息合并到搜索结果中，这种方法最终只会导致无聊的对话。

很多其他公司都致力于让机器以用户老友的方式出现。

全新的世界中个性化需要完全透明。这就是你要付出的代价。如果你完全个性化了，你也就必须完全透明。

凯文·凯利，《连线》杂志主编

如果你使用 FourSquare、Yelp 或达特茅斯学院的 Hapori 在圣地亚哥动物园搜索"jaguar"，那么这些搜索引擎会显示关于这种美洲豹的维基百科网页，甚至是该动物园网站上的说明。而其他新贵（如 Quora）则会从基础入手，创建能进一步发现上下文的专家答疑。想多了解"美洲豹"（捷豹）吗？询问这款汽车的制造商（或美洲豹的饲养员）关于每个问题的"杰瑞指南"。另一方面，谷歌通过在结果页面上显示分类列表并让你选择"美洲猫科动物"或"捷豹汽车"，来解决这个问题。

我们正在将搜索变成一种对你知之甚多的私人助理。有些人可能不喜欢这个全新的虚拟朋友。我的建议是习惯就好了。它会给你带来巨大的好处。正如凯文·凯利所说："全新的世界中个性化需要完全透明。这就是你要付出的代价。如果你完全个性化了，你也就必须完全透明。"

| 迎来人机交流的搜索新时代

很显然，我们正在进入全新的时代，如果搜索引擎了解我们，那么对我们所提出问题的回答就会变得个性化并与上下文相关。但我们应该怎样提问呢？当你层层剥开这个搜索问题时，就能发现其核心的沟通问题。人类对机器说的很多话都在翻译过程中丢失了。

互联网搜索总是围绕着文本，总是围绕着可以输入单词、句子甚至是问题的搜索框。但这并不是理想的界面；它给互联网和个人带来了太多的问题。搜索应该是关于上下文的，而不是文本。

如果让搜索框不受限制会怎么样呢？我们如何将人们提出的问题转化为计算机语言？我们如何让只会计算的计算机了解情绪的微妙变化呢？

谷歌发现自己的处境很艰难。搜索毕竟是谷歌的立身之本。他们的页面非常简单，只有一个组成谷歌架构的搜索框。哺乳动物都知道很难啃自己的肉，即使这样做是生存的需要。但是，很多人利用谷歌的盲区来追求搜索界面的利益。

也许这就是梅耶离开谷歌的原因。雅虎并不是以搜索框起家的，刚开始时它只是收纳了一些用户喜欢的网站列表。这在网络初期是可行的，但随着网络的不断增长，唯一的技术解决方案就是搜索框。因此雅虎悄悄地放弃了杰瑞的列表。但时机才是关键，现在就有一个机会让他们超越现状。我们已经看到了大大小小的公司都加入了战斗。

5年前，梅耶就预想到了这种情况并描述了理想的搜索引擎：“它是可以回答问题的机器。它是可以理解话语、问题、词语、你所讨论的内容和概念的机器。它可以搜索全世界的信息、不同的观点和概念，让你的演讲稿内容充实、条理清

如果我们可以想象与机器对话的世界，我们就能了解如何适应这些自然的对话。有了它，才能出现思想和机器交互的新世界。如果机器可以预测我们的需求，我们就能了解在存在无数可能性和选择方案的情况下，如何将预测转化为行动。

断点：互联网进化启示录
Breakpoint:
Why the Web Will Implode,
Search Will Be Obsolete,
and Everything Else You
Need to Know About
Technology Is in Your Brain

楚。"总之，它不会是谷歌，也不会是当今所有的搜索引擎。

苹果公司在 2010 年收购了 Siri，并在 2011 年将它作为 iPhone 4S 的一项重要特征，进而推出自然语言接口。Siri 通过删除搜索框而取得了合乎逻辑的发展。Siri 是迄今为止最好的搜索引擎界面。它可以让我们完全忽视手机上的搜索框，而与我们的设备交换问题和答案。我们可以问她"今天的天气怎么样"、"一个甜甜圈包含多少热量"，或者"湖人队获胜了吗"。她会根据我们话语的清晰度，给出这些问题的答案。

Siri 刚开始出现时就非常出色，而且她只会变得越来越好。对于花时间和她聊天的人来说，她还不够完美。尽管她很聪明，还具有优雅的举止，但我还没有见过有人一直与她交谈（除了摩根·弗里曼，但这只是一种商业行为）。有时她更像是一位表演者（而不是助理）。人们喜欢听 Siri 说出一些有趣的答案，例如当被问到"鸡为什么要过马路"时，她会回答"家禽的心思我不懂"。

并非只有 Siri 能说人类的语言。Evi 是 Siri 同父异母的姐妹，但她只能与安卓用户进行交谈。Evi 与 Siri 非常相似，但她允许用户对她的回答提出异议，依赖于无数用户输入的"众包"特征有助于她变得更聪明。除了 Evi 和 Siri 之外，还有两个非移动产品，它们依赖于使用自然语言的搜索引擎，如 Lexxe 和 Swingly。

这些语音提示搜索引擎成功的关键是要了解它们正在与谁交谈。即使我在 5 000 公里远的地方打电话，我 5 岁的女儿也知道那是我。Siri 和 Evi 有一天也会实现这一点，并最终会把这种全新的自然语言接口与上下文搜索改革结合起来。全球最大的脑科学公司微妙通信公司（Nuance）拥有一款全新的搜索接口 Nina，她可以精确地识别出说话者。也许有一天 Nina 会成为我女儿强大的对手。

新一代搜索引擎允许我们使用自然语言来提问，并根据上下文和我们的偏好来提供个性化回答。我们确实还处于早期阶段，但正在发生改变。

这种改变的结果就是搜索引擎和搜索的灭亡。首先是搜索引擎。这种趋势已经出现在搜索引擎中。随着新设备的出现和随之出现的应用程序，人们正在使用其他方式来寻找他们需要的信息。我们使用 dictionary.com 来查找单词的含义；我们在维基百科上来寻找关于某个主题的说明；我们使用 Twitter 来了解人们对贾斯汀·比伯新专辑的看法；我们在 Facebook 上询问好友秋葵汤的做法；我们使用 Yelp 来查找餐厅，使用 Trulia 或 Redfin 来找新房子。

我们完全无需使用万维网，只要使用智能手机和平板电脑上的应用程序就能找到这些信息。事实是：当人们不知道从哪里下手时，才会需要搜索。网络已经有了更加明确的定义，它甚至已经被缩小为集群或微型网络。现在人们更容易直接获取合适的内容，并完全忽略搜索引擎。不必惊讶，这些集群模拟的是大脑的模块化。

搜索是陈旧的大脑系统，它更常被用于原始功能，而不是认知功能。在大脑中，我们通过扩散激活过程来查找信息，这与渗透非常相似。我们会考虑一些事情以及浮现在脑海中的其他相关事情。"我的钥匙在哪里"这个问题会让我思考一天，指导我寻找的路线，让我在头脑中建立起思维地图（绕过我忘记收拾的早餐），然后我会回到客厅的沙发上，最后在垫子中间发现了我的钥匙。一个神经元放电，然后会引起附近其他神经元的连锁反应。没有搜索框，也就没有结果列表供我们选择。

之后就会产生这样的想法：也许互联网会在你提问之前告诉你一个答案。假如互联网能读懂你的想法，又会发生什么？你的个人电脑会变成私人助理，它会知道你没有吃早餐（像大脑一样）。她还会知道你已经连续参加了好几个会议，而你接下来还有会议需要参加。因此她会提出这样的建议："现在是早上 11 点整，你必须吃完饭才能参加下一个会议。加倍浓情比萨将在 25 分钟后送到。我需要帮你点你最喜欢的薄皮比萨，并在一侧的奶酪上撒上辣椒面吗？"

这很让人兴奋，而且会改变我们的生活。当你下次在搜索栏中输入一个关键字时，想象一下不需要任何输入的世界。如果互联网更了解你，它就能在你提问之前告诉你答案。

搜索的世界在迅速发展，我们第一步就是要想象并了解这意味着什么。围绕这些改变来创造企业、经验和新世界，才是真正有趣的地方。如果我们可以想象与机器对话的世界，我们就能了解如何适应这些自然的对话。有了它，才能出现思想和机器交互的新世界。如果机器可以预测我们的需求，我们就能了解在存在无数可能性和选择方案的情况下，如何将预测转化为行动。这个世界正在以前所未有的速度前进着。

7

群体、诗人与莎士比亚：

众包将成为群体智慧的革命性工具

"众包"并不是一个新的概念。不管是诗歌还是金字塔，都是一群人协同工作的结果。众包机制是建立在"总体胜过局部"的假设上，以发挥群体的智慧。在过去的十年间，众包已经扩展到新的领域，并能让人与人之间的距离不断缩短。个体与群体智慧的不同之处在于是两种不同类型的智慧：专家的主要优势在于拥有丰富的经验和知识；而群体的优势是多样性。了解了这一点，就可以成功地让众包业务度过断点。管理一个已经通过断点的众包业务，要比管理其他网络容易得多。

| 一首对国王大不敬的众包诗歌

臭婊子

就应该被关进监狱，

沉醉在爱情和美酒里的路易

应该迈向光荣，

他在这里！他在这里，

他完全不关心。

这是 1749 年开始在法国流传的 6 首非法诗歌之一。这些诗时而被吟诵、时而被用流行歌曲的曲调哼唱，但它们都是在批评和嘲笑路易十五和他的新情妇。路易国王才不会觉得这首诗好笑呢，他下令逮捕这首诗的作者，并以亵渎罪将他绳之以法。

当时法国最优秀的侦探被指派负责这个案件，不久之后，警察就逮捕了一位医科学生弗朗索瓦·博尼斯（Francois Bonis），他一周前在客厅里吟诵过其中一首诗。但是，经过几小时的审讯后，他们发现博尼斯并不是这首诗的作者。他是从一名来访的牧师吉恩·爱德华（Gene Édourad）那里抄写了其中的一首诗。警察很快抓捕了爱德华并对他进行了审讯。爱德华声称，他听到另一位牧师安甘贝尔·德蒙恬奇

（Inguimbert de Montange）吟诵了其中的一首诗。不过，德蒙恬奇也不是作者。侦探加倍努力地寻找真相。如果他们能一直坚持下去，最后肯定会找出这些诗的作者。

最后，有14位市民被逮捕并被关押到了巴士底监狱，并在几个月后被流放到远离路易国王的法国乡村。这些人中有牧师、法官助理、学生和教授——他们都是国王忠实的臣民。据说这14个人什么罪也没有，只是在错误的时间、错误的地点分享了一首诗或唱了一首歌。

传播流言的并非只有这14个人，18世纪的法国街头到处都有人公开谈论公务。在文化程度普遍不高的社会中，口头传播是信息流传最有效的方式。在没有文字的情况下，最常见的是将一天所发生的事情编入歌曲中，因为将新闻编入流行歌曲中更容易记忆和分享。

警察无法找到这些诗的作者，因为根本没有作者。或者可以说，所有人都是作者。某个人在诗中加入了当天的事情，并与另一个人分享这首诗，而这个人又进行了情节的补充……依此类推。和进化过程一样，最有趣难忘的诗将会留存下来，而其他的诗则会被人遗忘。这个过程会一直继续下去，直到出现了不和谐的歌曲。法国公民（也只有法国人可以做到）创造了第一个充满诗意的新闻网络。

诗歌是民众写的。它们很快就变成了全面的文学作品。诗歌在会引起暴乱的危险中传播和扩散着。警察陷入了两难境地：他们无法逮捕作者，因为根本就没有作者。他们也无法消灭传播诗歌的网络——无法让一个正在增长的网络停下来。不管是哪一种情况，都意味着要逮捕并惩罚上千个人，这对不受欢迎的路易十五来说并没有任何好处。最后侦探只能退而求其次：对这 14 个人进行惩罚，希望可以阻止其他人参与众包网络。

| 众包的最佳示例：人脑

"众包"并不是一个新的概念。不管是诗歌还是金字塔，都是一群人协同工作的结果。每一次技术创新都能使人与人之间的距离不断缩短。随着电子邮件、博客、即时消息、Twitter 消息、标签等事物的激增，如今我们已经可以快速顺利地与很多人建立联系了。

最早的众包示例来自生物学。蚂蚁、蜜蜂、黄蜂和其他群居昆虫具有一种群体智能。如果它们存在意识（"阁楼上的光"），那么也是作为整体的群体才具有。正如 1749 年一群人在巴黎创造出诗歌，一群昆虫也能够产生群体智能。但和巴黎警察一样，我们还不知道它们是怎么做到的。

我们更加了解的众包示例是人脑，但我们仍然不清楚神经元是如何产生智慧、意识和创造力的。虽然有很多关于意识的理论，但目前仍然没有确切的答案；让人类变得独一无二的其他天赋也是如此。我们认为大脑是一个预测引擎，是一个模式识别机。我们有经验，我们使用这些经验来做出预测并以此推断未来。每一次推断都让我们变得更加聪明。我们常常失败，也常常摸索和推测，但正是这些让我们拥有了智慧。我们是比在国家地理频道中播放的黑猩猩更高级的生物，它们只能够笨拙地使用工具。

> 我们的智力源自大脑发出的持续不断的指示，这些最终产生了界定自我的行为。我们要优于部分的总和：这是群体智慧和群体意识的结果。

断点：互联网进化启示录
Breakpoint :
Why the Web Will Implode,
Search Will Be Obsolete,
and Everything Else You
Need to Know About
Technology Is in Your Brain

看起来笨手笨脚的狒狒其实和人一样聪明。你无需惊讶，即使这种描述只是猜测。神经科学是一个崭新的领域，以至于我们还没时间深入了解它。我们只知道，神经网络充当着群体的角色。每个神经元都执行一个较小的任务，然后这些任务共同形成模式。当我们看到一条蛇时，某些神经元就会放电，如果这条蛇咬伤我们，另一些神经元就会放电。下次我们再看到一条蛇时，这两组神经元都会放电（形成模式），然后就会发生意想不到的事情：一组新的神经元会放电，并让我们跳起来。这一切发生时所涉规模非常大：这种小的交换需要与一个事件连接的上千万个神经元放电。正如民众传播诋毁路易国王的诗一样，每个神经元都通过放电来响应其他神经元。

我们的智力源自大脑发出的持续不断的指示，这些指示最终产生了界定自我的行为。我们要优于部分的总和，这是群体智慧和群体意识的结果。它就像是只显示出一种模式的多米诺骨牌。这种想法真是让人难以置信。

Breakpoint : Why the Web Will Implode, Search Will Be Obsolete, and Everything Else You Need to Know About Technology Is in Your Brain

| 众包的核心机制：总体胜过局部

众包机制是建立在"总体胜过局部"的假设上。通常情况下都是如此，尤其是在民意非常重要的情况下。广告商几十年来一直使用焦点小组和调查——在这些示例中，群体智慧被认为是神圣不可侵犯的。复杂的技术问题也通过群体来寻找解决方案，例如，开源软件（如 Linux 和 Apache）都依赖于众包。英国政府在 1714 年也曾使用过"众包"：悬赏 2 万英镑来寻找能够制作出真空密封怀表的人（第一台航海经线仪）。

在过去的十年间，众包已经扩展到新的领域。我们在很大程度上依赖群众，这在几十年前是无法想象的事情。路易十五国王不相信群众可以写出一首诗；如果告诉他在没有任何作者的情况下，我们创造了 2 200 万条百科全书，他会有什么反应？

维基百科是规模最大的在线众包平台。它不只是数字化参考书，还是一个生命体，在拟稿、编辑和解释的过程中创建和生存。2012 年，维基百科已经涵盖了用 285 种语言编写的 2 200 多万篇文章（这些文章中只有 400 万篇是英文的）。整个过程都是免费的：77 000 个贡献者和编辑都是志愿者；用户（每个月有近 5 亿）无需支付任何费用就可以使用该网站。它比纸质的《大英百科全书》《剑桥百科全书》和《美洲史料》还要大，而且已经抢占了它们的市场。它真正融合了全球的信息，而且没有作者。

维基百科已经经过了飞速增长的阶段。从 2001 年诞生
之日起，它就开始迅速增长，在 5 年的时间里，文章的总字
数就已经接近 20 亿（而《大英百科全书》只有 500 万）。但
最近，这个全球知识网络的"生活"开始变得有些艰难。当
前，新内容出现的速度只有 2006 年的一半。维基百科创始人
吉米·威尔士（Jimmy Wales）在 2001 年告诉媒体："网站的
贡献者正在流失，而且它也无法吸引到新的贡献者。"

2007 年，该网站达到了断点，其增长开始变得缓慢。当
时的贡献者和编辑人数达到了最大值，新文章的数量也同时
达到了高峰：每月 6 万篇。该网站每个月有 1 万名新编辑加
入，但到了 2008 年，维基百科每个月要流失 1 500 名编辑；
到了 2009 年，这个数字成了 –15 000。网站开始崩溃。

当然，衰退出现的一部分原因是：需要记录的内容只有
这么多，而容易的内容都已经被编辑好了。在早期，"披头士"
迷们热衷于贡献信息来创建保罗、乔治、约翰和林戈的页面，
甚至是小野洋子的页面。而现在维基百科已经非常全面，已
经没有多余的历史资料可以提供了。

这与有效的承载能力极其相
似。维基百科达到了巅峰，但这也
让它超过了其承载能力。2007 年，

> 增长对众包网络（如维基百科）来说
> 至关重要。群体需要临界质量。

断点：互联网进化启示录
Breakpoint:
Why the Web Will Implode,
Search Will Be Obsolete,
and Everything Else You
Need to Know About
Technology Is in Your Brain

编辑和新网页的数量达到了断点，进而开始急剧下降。从那
时起，维基百科的增长曲线就逐渐类似于我们的断点模式了。

虽然维基百科的创始人很担心，但和其他自然达到断点

的网络一样，这种衰退已经趋于稳定。虽然内容在减少，但使用人数在增加，维基百科的全球访问量仍然排在第 6 位。这是谷歌、Facebook、Twitter 和很多后起之秀围攻的结果。更小、更缓慢的内容增长可能会成为维基百科的秘密武器。

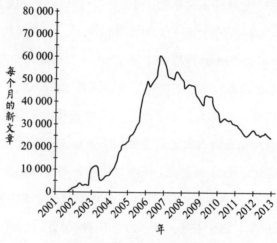

图 7—1   维基百科的断点

增长对众包网络（如维基百科）来说至关重要。群体需要临界质量。10 篇甚至 1 000 篇文章不会将人们吸引到网站（想象一下只有 1 000 个条目的字典）。快速增长是成为通用资源的必要条件。然而，到了某一点时，数量上的高增长会导致网站实用性的降低。维基百科已经达到了这个点，它现在必须关注质量，而非数量。

然而，维基媒体基金会（Wikimedia Foundation, Inc.）在 2011 年发布了 5 年战略计划，明确表示他们的重点是增长。他们希望到 2015 年，能让维基百科的规模翻倍——总共要有 5 000 万篇文章，每月要有 20 万活跃的贡献者。他们甚至开始雇用人员来将人们带到这个免费的、非营利的众包网站。
还有什么比自然群体和招聘更对立的概念呢？在不同的语言
方面，维基百科确实有很大的增长空间——泰语和意地绪语
文章分别只有 77 000 和 11 000 篇。但强迫维基百科文章和贡
献者数量获得增长，会违背网络的断点。

　　想一下印刷版百科全书的价值。让人难过的是，拥有
244 年历史的《大英百科全书》在 2010 年停印了。当被问
到维基百科带来的威胁时，大英百科全书有限公司的总裁乔
治·考兹（Jorge Cauz）这样解释道："与维基百科相比，《大
英百科全书》的竞争优势在于极具威望的信息来源，经过精
心编辑的条目和人们对品牌的信任。"虽然这句话很正确，但
考兹低估了群体的智慧。人们每次纠正了一个错误或者删除
了一个网页时，都会让维基百科更接近于《大英百科全书》
模式。但维基百科的优势在于：它的重量没有 58 公斤，也不
需要花费 1 400 美元。

　　从 2006 年开始，评论员就一直在说维基百科正在走向灭
亡。德国维基百科的董事会成员马赛厄斯·辛德勒（Mathias
Schindler）最近也表示认同这个观点："这 5 年来，我看到的
头条就是维基百科正在走向灭亡。"维基百科确实正在提高质
量和达到平衡，而且必须允许它这样做。众包有利于快速增
长和反政府诗歌的传播，但并不总是有利于质量的提高。

　　这就是考兹的主要观点，但他没有完全了解的是，大小
对众包网络来说是最重要的。维基百科的高速增长允许它暂
时忽略旧的质量模式。和维基百科相比，印刷版的《大英百

科全书》缺少了太多的信息。有趣的是，乔治·考兹开始打造数字化时代的《大英百科全书》。该公司的在线百科全书正在不断地更新，而且接受由专家审核过的用户输入信息。这给该公司带来了创纪录的盈利。

维基百科可以学习《大英百科全书》的新模式。要获得质的提高，群体就必须"退居二线"。正如卡内基梅隆大学的教授安尼克特·基特尔（Aniket Kittur）所说："人们普遍都认为，群体智慧是撒在某个系统之上的精灵之尘，会有神奇的事情发生。但如果来解决某个问题的人越多，这个问题就越难以得到解决。真的是三个和尚没水喝。"如果你已经获得了足够的增长，就要后退来获得继续前进的动力。

| 众包业务该如何成功度过断点

维基百科通常被认为是第一个众包参考工具，但在它之前有一个更为突出的示例。在20世纪70年代末，詹姆斯·默里教授（James Murray）接到了牛津大学出版社委派的一项任务——编撰一本字典，这本字典需要"包含所有的词汇、词汇的历史和使用方法，能无愧于英语这门语言和学问"。这种想法很有趣，因为当时大多数的字典都不包括口语和科学词汇，几乎所有的字典都省略了词汇发展的历史。

牛津大学出版社的提议给默里提出了一系列挑战。首先，当时已经有很多本英语字典了，因此这本新字典必须与众不同；其次，字典的编撰需要耗费大量的时间和金钱；最后，使用"牛津"这个名字的字典需要比其他所有字典都优秀。

他们并没有去创作一本新字典，而是采取了一种新的策略：招募了一群同事来编写条目。默里自己的职责并不是编写字典，而是担任总编辑之职。通过这种方式，默里节省了聘请专家的费用，并利用了群体的多样性。在最初的几年里，默里收到了来自几十万名志愿参与者个提交的小纸条（包含词汇及其解释）。

5年后，《牛津英语词典》第一册出版。该字典全集的出版前后花了将近100年的时间。从那时起，它就成为最优秀的英语字典，并已经成为当今字典的黄金标准。

该众包工作的成功非常让人吃惊，因为它发生在维基百科和万维网出现之前。以下的说法削弱了这个故事令人难以置信的历史背景：《牛津英语词典》的构想并不是发生在20世纪，而是从100多年前的1884年开始的。实际上，"众包"是一个非常古老的概念。

除了时代不同之外，默里的词典和维基百科之间还有更重要的不同之处。维基百科的条目完全是由群体撰写和编辑的，而默里仍然作为责任编辑来监督《牛津英语词典》的编撰工作。这在很多方面限制了默里的创造力，但它也保证了词典质量——这正是维基百科目前所缺少的。

也许包含专家贡献或监督的知识网络要优于只依靠群体

专家的主要优势在于拥有丰富的经验和知识；而群体的优势是多样性。了解了这一点，就可以成功地让众包业务度过断点。

智慧的网络。互联网允许同人小说的扩散，内容包括由某本书、某部电影或电视节目的粉丝编写的故事。虽然主要由一个作者进行写作，但他／她一次只会粘贴一章或一段内容，让其他粉丝评论或对接下来的内容提出建议。可以将它想象成集体编辑和集体创作。《格雷的五十道阴影》（*Fifty Shades Of Grey*）三部曲开始时只是《暮光之城》的同人小说，但由于受到了大家的交口称赞，因此作者被迫改写了这个故事，并将群体的反馈收编到这本已成为畅销书的小说中。

有些众包网络甚至在增长阶段就采用了高质量的方法。由哈佛大学提出的学术活动室（Academic Room）允许教授们上传他们的演讲稿，而这些文件会被他们的同行审查。某个教授上传的演讲稿会被上千个人评论，然后他会根据这些意见作出修改。同行们的审查过程与学术界的传统过程不同，网络的使用给学者们创造了他们无法想象的可能性。

Quora 是由 Facebook 前雇员创立的问答网站。有人提出问题，其他人针对这些问题做出回答，而用户则对这些答案进行投票。这种模式类似于雅虎知识堂（Yahoo! Answers）和 Answers.com，但 Quora 在高质量方面做出了很多努力。该网站在 2010 年 6 月面世，逐步允许更多的人来回答问题。他们邀请专家来发表意见，这种方法瞄准的是质量（而不是数量）。阿什顿·库彻（Ashton Kutcher）可能会回答表演类的问题；马克·扎克伯格可能会参与回答某个商业上的问题；你会听到前哈佛大学校长和财政部长拉里·萨默斯（Larry Summers）对某个经济学问题的回答。所有这些人都曾在

Quora 回答过问题。该网站的高增长阶段是关于用户的（而
不是内容）——他们的答案要少于大多数网站，但是这些答
案的质量很高，因此很多人都会到 Quora 上寻找某些最难以
解答的问题的答案。当 Quora 已经达到了断点时，他们希望
放弃维基百科那样的大小和规模，以便能更快地达到平衡。
据说 Quora 团队谢绝了 10 亿美元的收购提议。

　　专家们可以提供群众无法给予的知识，但群体的智慧也
不容低估。詹姆斯·索罗维基（James Surowiecki）在《群体
的智慧》中列举了群体远胜于专家的很多情况，如判断物体
的重量、体育博彩和预测会当选的总统。让个人专长和群体
智慧有所不同的是另一种不同类型的智慧。专家的主要优势
在于拥有丰富的经验和知识；而群体的优势是多样性。了解
了这一点，就可以成功地让众包业务度过断点。

　　管理一个已经通过断点的众包业务，要比管理其他网络
容易得多。一旦常规网络超越了其承载能力，就很难将用户
群缩小到可管理的范围内。但是对于群体来说，你可以选择
引入一个专家。Quora 成功地使用了这种混合模式。群体可
以对某个问题做出回答，但是专家的回答更有分量，而且他
们可以控制对话的方向。随着 Quora 的增长，专家可能会在
淘汰不必要的"杂音"方面发挥更积极的作用。当维基百科
加速增长时，它也利用了这个概念——给更有经验的编辑更
多权力。这些编辑可以限制网页的编辑、自行删除内容，甚
至禁止其他用户使用网页。虽然这种做法遭到了很多抱怨，
但它确实提高了质量并减慢了条目的增长速度。

| 社交化商业的兴起

　　有很多种在线众包形式。让我们来看一下能给买卖双方提供最满意的合作对象的网站。它们有时被称为"云劳动力"（cloud labor），这些公司包括 Elance、oDesk、Guru、CloudCrowd 和亚马逊的土耳其机器人。即使是在最严重的经济衰退时期，也很容易在这些网站上找到工作，而且很多工作都可以在家完成。虽然这些公司被认为是众包，但实际上只是在线外包平台。它们替代了传统的外包服务，交易费用低廉，即使是最小的工作也能找到人来做。在"云劳动力"网站上，人们可以找到工作，雇主也可以找到高性价比的劳动力。

　　从 2007 年开始，oDesk 每年的增长速度都超过 100%，且目前已经延伸到 40 多个国家。2012 年，oDesk 每个月都会新增 1 万多个工作机会，这些工作的总价值已经达到 10 亿美元。但与巨兽公司（Monster）和凯业必达招聘网站（CareerBuilder）不同的是，这些工作都是单个任务。你可能要拨打电话、送几封信或协助预定晚餐。这类工作的报酬通常是 0.25 美元 ~ 100 美元，而且可能会有再次合作的机会。oDesk 上有各种各样的工作，包括客户服务、文案、编程和马粪的清理。

　　这填补了全球经济的一项重要空白。企业和个人通常都有一些不值得全职 / 兼职工作的任务。这些"群体劳动力"

公司正好满足了这项需求。群体有助于让劳动力市场更加
高效。

在竞争中也可以有效地使用群体劳动力，正如 18 世纪
英国的钟表比赛那样。显然竞争很早以前就出现了，它们也
并非纯粹的互联网时代的现象，但互联网让所有个人、公司
和政府更容易参与其中。

奈飞公司提供了 100 万美元奖金，用于奖励可以帮助改
进其推荐引擎的人。过程如下：数
百名程序员（都没有受聘于奈飞）
争先打造最好的软件，这款软件可
以告诉你在 7 月下雨的周二，应该选择哪部影片和男友一起
看。通用电气公司提供了 50 万美元奖金，用于奖励能够打造
出最有效算法的团队，来缓解大型机场的飞机拥堵问题。即
使是小公司也可以利用这个概念作为他们的基础业务模式。
例如，99 设计（99designs）要求委托人提供某个图形设计项
目的摘要、确定获胜者的奖金并等待投标。平均每个项目都
会收到 100 多份作品，但委托人只会将钱支付给中标者。

群体智慧对于大企业营销来说一直非常重要，但互联网
让所有的小公司都能从重要的人那里得到建议。社交化关怀
指的是通过 Twitter、Facebook、博客或公司网站来提供客户
服务。而 Sparked.com 则进一步帮助公司为最佳顾客创建了
顾问委员会。Sparked 将自己称为社交化商业革命的核心，
虽然这个称号有点多余，但社交化商业确实是所有面向顾客
的企业的一种革命性的和不可或缺的工具。

> 社交化商业确实是所有面向顾客的
> 企业的一种革命性的和不可或缺的工具。

颠点：互联网进化启示录
Breakpoint :
Why the Web Will Implode,
Search Will Be Obsolete,
and Everything Else You
Need to Know About
Technology Is in Your Brain

| 互联网金融的方兴未艾：众筹

2012 年，全世界都被 68 岁的校车导护卡伦·克莱恩（Karen Klein）的视频震惊。在视频中，她被 4 名男中学生侮辱到失声痛哭。其中有一个人被这个视频所触动，他在众筹网站 Indiegogo 上发起了 5 000 美元的集资，希望可以让克莱恩太太去度假。但最后他筹集到了 70 多万美元，这不仅可以让克莱恩太太去度假，还可以让她退休并创建一个"对抗暴力"的基金会。

我们知道，人们会给有需要的人提供帮助——为日本地震灾民捐款 6 400 万美元，为飓风桑迪灾民捐款 1.45 亿美元，为飓风卡特里娜的灾后重建捐款 40 亿美元。通过网络进行基于捐赠的众筹给慈善捐赠添加了新的内容。如果你愿意的话，你也可以这样做——帮助并成为这个志趣相投的社区的一份子。打电话给红十字会并提供一个信用卡卡号只能满足第一需求，却做不到第二点。

你可以加入众筹社区（如 Kiva、Indiegogo、StartSomeGood 或 Kickstarter）来满足赠予和参与的欲望。奥巴马总统利用社交媒体和他自己的众筹网站，授权他的支持者来进行捐赠和参与。包括《纽约时报》的记者大卫·卡尔（David Carr）在内的权威人士甚至认为，这是奥巴马当选总统的原因之一。

虽然是一项新技术，但众筹正在高速增长。2012 年，美国的 130 个众筹平台筹集了将近 30 亿美元，基本上接近于他们在 2011 年筹集总额的 2 倍。所有的众筹分为 4 类：捐赠型、奖励型、贷款型和股权型。捐赠型平台（例如，奥巴马总统所使用的）允许人们直接给有需要的人或群体捐赠，与其他支持这项活动的人联系，在很多情况下还能收到这笔资金使用情况的细节。奖励型平台的形式稍有不同，通常被独立艺术家、作家和创业技术公司使用。他们请求捐助者通过捐款来换取某种商品或服务。例如，2012 年音乐家阿曼达·帕尔默（Amanda Palmer）使用 Kickstarter 筹集了 100 万美元，用于录制她的新唱片。她的支持者们则得到了她的 CD、亲笔签名的海报和参加粉丝见面会的机会。这种模式类似于没有实体店的预售。预先支付的费用可以让艺术家和作家们不再依赖唱片公司和出版社。

贷款型平台（如 Kiva）专注于为发展中国家的小型企业提供小额贷款，而其他平台（如，借贷俱乐部）则允许小型投资者将钱借给贷款买车、改善住房条件或者准备婚礼的人。将贷方的小额贷款集合起来，就可以形成一笔数额较大的款项。需要 1 万美元？可能会来自借贷俱乐部的 300 个人。贷款人每年都能收到丰厚的回报，并且会有做好事的感觉；而借款人则可以避开传统银行，并通过轻松的在线过程来处理整个交易。这些类型的贷款限制通常被称为"小额信贷"（microfinancing）。

> 众筹公司正在高速增长，不管从哪方面来说，这个行业都处于起步阶段。总有一天，它也会达到断点。

断点：互联网进化启示录
Breakpoint :
Why the Web Will Implode,
Search Will Be Obsolete,
and Everything Else You
Need to Know About
Technology Is in Your Brain

最具争议的众筹类型是股权型，2012 年奥巴马总统签署了《就业法案》后，它在美国就变得合法了。我推测股权型集资在未来的几年里将出现高速增长，但这种类型的众包并非没有风险。作为一种快速赚钱的方式，股权型众筹允许所有人通过投资资金来换取股权。这种方法的优点是它真正实现了私有企业的民主化投资，而且让新企业更容易筹集到资金。其风险是当新手投资者的前几笔投资失败并面对着无法成为沃伦·巴菲特的现实时，很容易感到失望。实际上，我们已经在Kickstarter项目中看到过类似情况了：人们给一些公司捐款后，希望收到某种产品。美国有线电视新闻网发现，该网站84%的重要项目的交付都要晚于预期。Kickstarter正在尝试扭转人们的这种印象——投资只是为了收到某种产品。在2012年的一篇名为"Kickstarter并不是一家商店"的博客中，该公司的管理层这样解释："很难理解为什么当人们支持Kickstarter项目时，他们是觉得他们正在商店购物。"顾客总是认为自己是对的。不管怎么强调，他们总是无法接受Kickstarter的观点。例如，2012年将近有7万个人为"鹅卵石智能手表"（Pebble Watch）集资，他们都希望能收到一块手表。

人们想知道，这种众包是不是有趣的趋势，是不是能够在晚宴中吹嘘的话题，是否能够长期生存下去。众筹公司正在高速增长，不管从哪方面来说，这个行业都处于起步阶段。总有一天，它也会达到断点。

专业化与众包：群体的智慧未必胜得过作家的文采

人是一件多么了不起的杰作！多么高贵的理性！多么伟大的力量！多么优美的仪表！多么文雅的举止！在行为上多么像一个天使！在智慧上多么像一个天神！宇宙的精华！万物的灵长！可是在我看来，这个泥土塑成的生命又算得了什么？

我们从未想过《哈姆雷特》的这段话来自群众。但 19 世纪早期的科学家一直在争论它的可能性。很多人认为，如果将足够多的猴子关在具有足够多打字机的房间里，它们最终会打出莎士比亚的全部著作。

2012 年 4 月，《时代》杂志分享了"合作作者"（The Collabowriters）的故事——促进第一部众包小说写作的网站。所有人都可以提供他 / 她对下一个句子的想法，然后由读者投票选出最好的句子。如果某个句子得到足够多的票数，就将它作为小说内容，并继续对下一个句子进行投票。这确实是一个有趣的概念，但直到 2013 年初，这部小说才仅仅完成了 5 页，而小说家史蒂芬·金每天都能写 5~10 页。《时代》杂志将这篇小说描述为"孩子们围着篝火讲一个惊心动魄故事"。群体也许具有智慧，但只有作家才具有文采。至少就目前而言，一个莎士比亚（甚至是一个国王）就远胜于一千个群众诗人。

海鞘、利润与交通流量：

断点之前崩溃的公司

我们专注于增长，但很少有人知道网络中长期以来都在发生的事情。只要有资源，它就会增长；一旦资源耗尽，它就会达到断点。企业有时会在错误的时机专注于挣钱，其代价就是网络的增长。而其他时候企业又过于在意网络的增长，从而导致崩溃。虽然增长对网络至关重要，却不是其最终目标。虽然赚钱对公司来说非常重要，但有时它必须为更大的生存目标让位。在网络的第一阶段，企业应该不惜一切代价来谋求增长。当网络达到最后阶段的平衡时，才会开始真正获利。

| 生存下去才是硬道理

　　海鞘一生中最重要的任务就是找到居住的地方。这种与盲鳗和七鳃鳗有着亲密血缘关系的小型海洋生物会在海里游来游去，权衡不同栖息地的利弊。它们会栖息在海底的岩石下面或船底。

　　当海鞘找到完美的栖息地时，就会将自己附着上去，并将此作为永久的居住地。海鞘会一直居住在这个地方，它一生中只做一件事：通过吸水将夹带在水中的浮游生物滤入咽喉，然后再把被滤取后的水排出体外。这是像呼吸一样的无意识行为，基本上不需要脑力。找到一块好的岩石后，海鞘就不需要再用大脑来帮助它找寻栖息地了，因此它就会把大脑吃掉！这样做能够减少它的能量需求，它就不再需要摄入那么多卡路里了。真聪明！

　　吃掉大脑对小海鞘非常有利：海鞘从 500 多万年前的寒武纪时代就已经存在了。所有动物的主要目标都是长期生存，像海鞘一样，很多动物都进化出了自己独特的技巧。当天气变冷时，林蛙就会冻结将近一半的身体并暂时停止心跳。某些弓背蚁（木蚁）在战斗失利时就会自爆，向敌人释放出毒素。虽然这只蚂蚁会死去，但它击败了一个敌人，拯救了整个蚁群。所有物种（不管是青蛙、蚁群还是海鞘）的目标都是不惜一切代价地生存下去。

网络只有在达到最后阶段的平衡后才能获利

动物的所有特征、工具、技巧和优势都是为了帮助这种物种实现大自然的终极目标——生存。而我们人类与海鞘几乎完全相反，我们最独特的生存工具就是出众的智力。我们跑得没有猎豹快，我们没有鳄鱼那样有力的颚，我们的皮肤没有石鱼或比目鱼那样的伪装。我们唯一的竞争优势就是我们的大脑。和所有动物一样，人类的目标也是生存，我们的大脑有助于我们做到这一点。

生物学给我们上了重要的一课：在开始旅行前就应该知道自己的最终目标。沉醉于自己智慧的我们很容易忘记，大自然会自动淘汰不利于生存的东西。进化的过程中会淘汰掉代价高而不实用的特征：人类抛弃了巨大的躯体，以便让更多的能量流向大脑；乌龟失去了脖子上的大刺突，以便让它们能缩回自己的壳里；鲨鱼失去了鱼类沉重的骨骼结构，而进化出更高效的软骨结构。

我们已经开始关注网络阶段中的这一点：它们如何增

动物的所有特征、工具、技巧和优势都是为了帮助这种物种实现大自然的终极目标——生存。而我们人类与海鞘几乎完全相反，我们最独特的生存工具就是出众的智力。

长？当它们达到断点时会发生什么？如何才能让它们免于崩溃并达到平衡？但其根本是，网络也要求生存。这实际上是生物网络的唯一目标。但如果是由公司经营的网络，生存就只是其中的一个方面，另一方面是赚钱。问题是这两个目标通常是矛盾的。

企业有时会在错误的时机专注于挣钱，其代价就是网络的增长。而其他时候企业又过于在意网络的增长，从而导致崩溃。虽然增长对网络至关重要，但这并不是其最终目标。虽然赚钱对公司来说非常重要，但有时它必须为更大的生存目标让位。

在网络的第一阶段，应该不惜一切代价来谋求增长。原因很简单：如果你不占用环境中的所有承载能力，就会有其他人占用。然而当网络达到断点时，就应该减慢增长速度，偶尔还需要强制性地减慢。超过了断点后，继续增长就会起到相反的效果，还会导致网络超过其承载能力。

当网络达到最后阶段的平衡时，才会开始真正盈利。平衡让"长寿"变得更容易——网络是稳定的、缩小的和健康的。但更重要的是，稳定的网络可以被利用，还可以使用很多种方法从中获利。网络发展的每个阶段都值得我们花点时间来研究，以便指导企业如何才能成功地管理它们。

| 网络增长阶段的黄金法则：免费

我们还没有讨论过技术网络的增长阶段。这一直是很多技术书籍最流行的主题之一，已经成为与互联网专家相关的故事和电影中的传奇，并给无数个20出头的年轻人带来了巨大的财富。这些轶事中总是缺少一部分，即这种增长总有一天会结束。

虽然有一些技术网络取得了巨大的成功，但真相是大多数网络（和企业）都在增长阶段就灭亡了。它们只是没有获得足够大的增长：它们没有流行起来，没有获得高增长，或者没有占用所有的承载能力，从而让对手有了可趁之机。

最成功的网络是在增长阶段能不受阻碍地增长的网络。我们都知道，网络必须具有巨大的数量。第一部电话毫无用处；第二部电话稍微有点用处，但只限于与第一部电话通话；在有了上千部电话后，自己购买一部电话才有意义；在有了几百万部电话后，一部电话才会成为真正必不可少的工具。新网络也是如此，它必须不断地增长。

经营网络的人必须消除增长阶段的所有障碍。企业在此期间的目标就是获得网络增长所需要的用户、内容和地衣等。所有可能会影响增长的障碍都应该被消除。薪水和代价应该保持在较低水平，速度应该被优化，简单比深度更可取。

到目前为止，增长最大的障碍就是资金。与基本经济学需求符合的是，收费就会减慢增长速度。产品或服务的价格越高，人们对其需求就会越低。要鼓励高需求，就必须将价格保持在较低水平。对于多数互联网网络来说，增长阶段的黄金法则是免费。经济学家（如杜克大学的丹·艾瑞里）的研究表明：当某些物品被免费提供时，人们就会有不理性的行为。此外，艾瑞里还证明：从心理学上来讲，免费和1美分之间的差别要远胜于0.99美元和1美元之间的差别，而且这会对人们的购买行为产生影响。你可能会说，智能手机或平板电脑的用户会毫不犹豫地花钱购买一个应用程序。但剑桥大学2012年的一项研究发现：免费应用程序的下载量是1万多次，这是付费应用程序下载量的100倍。事实上，只有20%的付费应用程序的下载量超过了100次。顾客更愿意尝试免费的服务。

所有这些都回避了一个问题：公司如何在放弃实体店的情况下继续生存下去。这里起作用的有两个因素。

首先，在在线网络中加入一个人的成本是微不足道的。例如，我的加入不需要 Instagram 增加任何成本。这尤其适合于免费提供的是软件，一旦软件被开发，那么将它提供给其他人就不需要任何成本了。这就给软件公司提供了独一无二的机会，为顾客提供优秀的软件产品。

第二个因素是风险投资。风险投资家通常愿意在短时间内资助一家公司，希望能获得高回报。不管是否正在产生收益，硅谷的很多创业公司都能在高增长阶段吸引风险投资家。风险投资出现于增长阶段。风投资金往往充当补助金的角色，这样消费者就无需在产品早期阶段支付任何费用了。想一下你上次在 Twitter、Facebook、LinkedIn、谷歌、雅虎和其他在线服务中的支付情况，这些公司在早期都不赚钱，它们唯一的目的就是满足顾客需求并增加它们的用户群。它们的资金都来源于期望能获得长期回报的风险投资家。

风险投资的成功率非常低。这没有什么值得奇怪的，因为处于增长阶段的任何事物的成功率都很低——多数物种和企业甚至无法通过这一阶段。最好的风投公司的成功率也只有 30%，而平均成功率要低于 10%。在很多情况下，这已经足够了。只要有一家公司能通过增长阶段而达到断点，就能推动整个风险投资的成功。90% 的公司都会在这个阶段灭亡，但风险投资者依靠剩余的公司来获得成功。

不管你能筹集到多少资金，都不能对产品收费。互联网时代最成功的网络缔造者也曾经是年轻人：马克·扎克伯格、谢尔盖·布林和拉里·佩奇、大卫·费罗和杨致远分别在大学时代创办了 Facebook、谷歌和雅虎。年轻人没有太多责任要承担，他们很愿意长时间工作，而且从他们的长期潜力来说，这样做几乎没有任何风险。没有经验和收益似乎并没有那么糟糕。虽然年轻人很容易失败，但他们有的是时间，失败了就站起来再试一次，直到获得成功为止。

有时候你必须要收费，实物商品通常来说都是这样。即使是在这种情况下也需要补贴，有时候甚至会赔钱。早期的电子商务巨头（亚马逊、美捷步和奈飞）几乎都是如此。在这些公司没有实现盈利前，他们使用风投资金来支付账单。介于免费送货和无销售税等情况，如今的电子商务仍然需要补贴。

为了能在增长阶段生存下去，你必须拥有市场。这就意味着必须将利润、营收机会和其他会消耗资源的东西放在一边。我们的目标是要消耗掉所有的资源，这样不仅可以让你的技术增长，还可以防止竞争对手的出现。

太早收费的公司都无可避免地失败了。美国在线（AOL）在刚开始时就对互联网接入服务收费，这使得免费的互联网服务提供商（Internet Service Provider，ISP）逐渐蚕食了其统治地位。豌豆荚（Peapod）在 1989 年就推出了第一个杂货配送网络。它们早期的收费非常高。虽然他们增长迅速，但却没有通过断点。到了互联网迅速发展的 20 世纪 90 年代中期，Kosmo 和 Webvan 这些新竞争对手利用这一点，筹集了几千万美元的风险投资。这些对手利用免费送货这种更吸引人的服务，快速超越了豌豆荚。

Webvan 成为真正的华尔街宠儿。它刚上市时只有 1 500 万美元的收益，但仅仅几个月后，它的估值就达到了惊人的 80 亿美元。豌豆荚则失去了吸引力。晨星公司（Morningstar）称："投资者们像孩子们讨厌甘蓝菜那样厌恶豌豆荚的股票。"豌豆荚很快也开始提供免费送货服务，但已经太迟了，其竞争对手已经占据了统治地位。

幸运的是，豌豆荚在 2000 年的网络泡沫中获得了风险投资。豌豆荚从错误中吸取了教训，并得以重新开始。它占领了市场后又重新开始收费，并计划在竞争对手破产的几周后（2001 年）宣布这个决定。豌豆荚现在成了唯一的杂货配送服务商。但即使是现在，豌豆荚的模式仍然包括免费的部分——如果你选择自取，他们就会免费打包你选择的商品。

如果你选择送货上门，他们就会收取一定的费用。

免费增值模式非常受人欢迎。这个想法使得公司创建了两类产品：免费版本和高级版本。在增长阶段，这是一个伟大的策略，但如果竞争对手出现得太早，免费也会带来危险。网景在 20 世纪 90 年代就采用了这个策略——浏览器可以免费用于非商业用途，但对企业用户是收费的。它在几乎没有任何竞争的情况下很有用，但微软的出现摧毁了网景。微软获得了风险投资并推出了完全免费的 IE 浏览器。通过将该浏览器绑定到世界上几乎每一台电脑上，进一步推动了其增长。

微软是少数抢了其他创业公司顾客的公司，而该创业公司还处于新市场的增长阶段。规模较大的公司经常会被自己的成功所束缚。假设你的公司目前能获利百万，但有一个机会正摆在你面前：放弃这笔钱来投资一个新市场。大多数领导者都不敢接受这样的挑战，因为他们试图保持目前的市场地位。对于 CEO 来说，这是正确的做法。它既能确保利润，又能降低短期的风险。但从长期来看，缺乏创新通常会让公司处于危险之中（当然，到那时该 CEO 也被辞退了）。这就是大公司也无法存活 50 年的原因。

为了能在增长阶段生存下去，你必须拥有市场。这就意味着必须将利润、营收机会和其他会消耗资源的东西放在一边。我们的目标是要消耗掉所有的资源，这样不仅可以让你的技术增长，还可以防止竞争对手的出现。

| 如何解决城市交通网的拥堵

在城市里（如伦敦、洛杉矶或亚特兰大）开车的人肯定想知道，为什么城市不通过扩大交通系统的规模来缓解拥堵呢？答案就是，公路也是一种网络，而这就意味着"越大并不代表越好"。虽然规模在网络发展的初期非常重要，但它最终会成为一个阻碍。通过增加更多车道来解决交通拥堵问题只是一个都市神话，实际上它毫无意义。史蒂芬·布迪安斯基（Stephen Budiansky）在《亚特兰大月刊》（*The Atlantic*）中说明了科学家们观察"有关交通流量的一个有趣悖论"的方法。当工程师和城市规划师新增了道路或车道时，在某些情况下它们反而会降低交通网络的车辆承载能力。事实证明，道路上行驶的车辆所表现出的集体特征，与在网络上流动的其他事物的行为具有相同的数学特征，就如在电话线和互联网上传送的数据。

当互联网变得拥挤不堪时，它就会像大脑那样，使用TCP来缓解拥堵。但公路与此不同。城市已经尝试了所有的想法：增加车道、收过路费、增加匝道红绿灯。这些都没有缓解行车高峰时的公路拥堵问题。

斯德哥尔摩最近正在尝试一种新方法来解决其交通拥堵问题：如果司机在特定的时间内通过拥堵的路段，他们就需要交税。这是第一次有人想到要征收交通拥堵费。这个想法来自斯德哥尔摩皇家理工学院的乔纳斯·埃利亚松教授

（Jonas Eliasson）。它刚被提出来时，就遭到了大多数人的激烈反对，但它确实很有效。

几乎是在一夜之间，行车高峰时的车辆就减少了 20%。20% 听起来似乎并不是很好，因为 80% 的车辆还在车流中，而且拥堵大多发生在狭窄的、历史悠久的桥梁上，因为斯德哥尔摩是一座水道纵横的城市。但结果表明，20% 的流量减少完全解决了拥堵问题。它还给空气质量的提高带来了意想不到的效果，因为尘雾不是积累在某个时间段，而是被均匀地分散开了。埃利亚松博士做出了这样的解释："路况恰好是一个非线性现象。也就是说，当流量达到某个阈值时，拥堵情况就开始加剧并迅速恶化。但幸运的是，反过来也是如此。只要流量有某种程度的降低，拥堵现象的缓解就会比想象中的快得多。"

> 当互联网变得拥挤不堪时，它就会像大脑那样，使用 TCP 来缓解拥堵。
>
> **断点**：互联网进化启示录
> **Breakpoint:**
> Why the Web Will Implode, Search Will Be Obsolete, and Everything Else You Need to Know About Technology Is in Your Brain

城市的公路网拥有一个自然的断点——即使没有引起交通拥堵，公路也无法解决车流量的问题。即使只是稍微超过该断点，公路也会瞬间变得拥堵。这不足为奇，因为我们已经在生物网络（蚂蚁、驯鹿、复活节岛居民和大脑）中看到过相同的现象。

虽然斯德哥尔摩的交通变化非常大，但其造成的心理影响也非常深远。虽然人们必须付款或改变他们的驾驶习惯，但很少有人抱怨。而且几乎没有人意识到这一点。必须付款的人很乐意这样做，因为几乎不再出现交通拥堵的现象了；调查发现，改变了驾驶习惯的人根本没有意识到他们的变化。

因为这种变化非常小，以至于根本不会被注意到。

达到断点之前就试图赚钱的公司都面临崩溃

即使是少量的资金，也非常具有破坏性。可以使用钱来操纵某个过载网络的大小。例如，航空公司不断调整票价，将旅客量控制在它们的承载能力之内。如果某架飞机上的旅客太少，就会造成收入损失；如果旅客过多，就会造成系统过载。斯德哥尔摩的交通拥堵费只有 0 ~ 20 克朗（1 克朗相当于 0.10 欧元或 0.15 美元），这不会对多数人的经济情况造成影响，但这些成本的引进明显地改变了该网络。

将资金投入到断点后的平衡可以达到两个目的：既可以缓解网络的拥堵，又可以帮助公司实现盈利。在达到断点后就可以有效地使用前者，而在网络达到更稳定的状态之前，应该尽量避免后者。

拿 Facebook 为例。Facebook 在很多方面都超过了其承载能力，此时可以使用钱来减少这些影响。我们知道，Facebook 上的好友链接太多了。只要用户的好友数超过了一定数量，Facebook 就要向用户收费会怎么样？费用很低，多一个朋友只需要一美分。其效果可能和征收了交通拥堵费的斯德哥尔摩一样。一部分用户非常乐意为多余的好友付费，而很多用户会将好友列表减少到可控数量。最后的效果应该是拥堵得到缓解，网络变成了一个更高效、更强大的网络。有趣的是，Facebook 在 2013 年尝试了一个类似的概念：引入了一个按消息数支付的系统。即使不是马克·扎克伯格的好友，只要支付 100 美元，就可以给他发消息。这种"扎克伯格费用"只是一个实验，但它在某种程度上表明，Facebook 会对不属于用户圈的通信收费。

将资金投入到断点后的平衡可以达到两个目的：既可以缓解网络的拥堵，又可以帮助公司实现盈利。在达到断点后就可以有效地使用前者，而在网络达到更稳定的状态之前，应该尽量避免后者。

断点：互联网进化启示录
Breakpoint:
Why the Web Will Implode,
Search Will Be Obsolete,
and Everything Else You
Need to Know About
Technology Is in Your Brain

虽然将免费的网络转化为利润中心很诱人，但这样做的风险较大。因为 Facebook 已经通过断点，所以它可以使用这项技术来赚钱，而且这是该网络可以承受的。规模较小的网络则要万分小心。在达到断点之前就试图赚用户钱的网络可能会完全崩溃。在它崩溃之前，可能会给潜在的竞争对手留下增长空间。对用户觉得有用的功能收费过高并不是明智的做法。

对广告来说也是如此。需要引起我们注意的是，很少有成功的网络从开始时就允许广告——在谷歌、Facebook、LinkedIn 或 Twitter 达到成熟阶段之前，这些网站上都没有广告。即使是进入成熟阶段，也应该缓慢地引入广告，发生过很多次公司需要撤回某些程序的情况。

想一下谷歌是如何开始赚钱的。在最初的几年里，谷歌所有的公司都能从 Facebook 学到经验。对于具有大目标的大型企业来说，这种"网络的网络"方法是进入市场的一种好方法。规模较小的企业必须专注于它真正可以控制的市场。

是不赚钱的。当时没有任何用户收费和广告植入。达到一定的规模后，谷歌就开始探索收益模式。直到 2000 年，谷歌推出了有针对性的广告系统——关键词竞价广告（AdWords）后，他们才开始大张旗鼓地投放广告。广告被设计成了内容：它们包括与用户搜索内容相关的文本。2003 年，谷歌推出了相关广告（AdSense）后，"关键词竞价广告"才真正发展起来。这时谷歌已经基本击败了其他搜索引擎。从那时起，谷歌就开始赚取丰厚的利润：从 2001 年只有 8 300 万美元收入，增长到 3 年后（2004 年）的 15 亿美元。2012 年，谷歌的收入已经超过 460 亿美元。

Facebook 也像谷歌那样占据支配地位。它们都通过了断点，而且用户都非常乐意花时间和金钱在它们上面。Facebook 最近也开始向广告进军，其中的很多广告都具有侵略性、目标性和很强的私人性。Facebook 使用用户的内容、好友和习惯来代表广告客户销售产品。它们之间的界限非常模糊，以至于某些情况下很难区分真正的广告和友好的内容。例如，某个用户粘贴了一个关于人体润滑剂的笑话，Facebook 就会将它转化为情人节广告。但即使是这样，用户也愿意忍受这些手段。《纽约时报》引用了该用户的说法："我觉得有点恼火，但我不会删除 Facebook 账号，也不会发火。"

当然，并不是每个公司都能成为谷歌或 Facebook。但即使是这些公司，在它们占据互联网的支配地位之前，也没有赚钱。虽然在早期尝试商业化很诱人，但长期忍耐所得到的回报会更大。

这消息也同样适用于规模较小的公司。小公司很难主导大市场，它们也没有能够补贴成本的资源。小公司能做的就是重新定义市场，让它变得足够小。再次声明，Facebook 就是一个很好的示例。当 Facebook 在 2004 年 2 月面世时，主导社交网络的是 MySpace，Facebook 根本就没有任何希望。马克·扎克伯格仅将它提供给哈佛大学学生，这是一个天才的举动。在短短的几个月时间内，就有一班哈佛大学学生成为 Facebook 用户。在哈佛大学达到断点后，Facebook 才对常春藤联盟的其他学校开放。然后，它允许所有大学生和高中生加入。3 年后，Facebook 才向世界开放。也许最重要的是，整整 5 年后 Facebook 才开始赚钱。

所有的公司都能从 Facebook 学到经验。对于具有大目标的大型企业来说，这种"网络的网络"方法是进入市场的一种好方法。如果你面对的是多元化市场，就可以在解决一个较小的市场后，再利用其主导地位进入其他市场，直到实现你的最终目标。

规模较小的企业必须专注于它真正可以控制的市场。如果扎克伯格的目标就是哈佛大学的学生，那么 Facebook 很快就能成为获取较少的利润但却占据主导地位的网络。这个目标很容易实现，在哈佛大学 Facebook 如今可能仍然占据着主导地位。小公司的方法是关注大小合适的市场、地理位置或类别，并在该市场中占据主导地位。例如，位于爱达荷州博伊西的一家跳伞公司已经增长到成为行业领导者，这时它就可以获得回报并赚钱。其他面向小众市场的公司同样充满活力。

在这个方面有很多成功的故事。由两名伊利诺伊校区的员工创办的 edmodo.com，是一个只限于老师和学生的网站。它既是社交网络，又是虚拟教室。《赫芬顿邮报》称，超过 25% 的老师（在伊利诺伊州内外的）都在使用该网站，它已经成为更受老师和学生欢迎的社交网络。仅仅几年前，这个数字还只有 3%。一旦 edmodo.com 主导市场，它就会非常具有价值，虽然它的规模远远比不上 Facebook 和 Twitter。

企业无需创建自己的网络来获利。大多数公司都不是网络公司，但它们可以利用其他网络。健康比萨公司（Naked Pizza）使用 Twitter 来经营自己的业务，并将市场扩展到新奥尔良之外的地区。他们按照市场来累积追随者；他们在一个市场中有了影响力之后，就会开店并使用该网络来增加客户群。《企业家》杂志指出，健康比萨公司的火爆与其规模不成比例。《纽约时报》将它评选为 Twitter 战略最值得模仿的 11 个公司之一。该公司的创始人这样说道："与其说我们在开比萨店，不如说我们在执行销售比萨的社交媒体操作。"

一个稳定的网络所带来的好处值得所有公司（不管是大公司还是小公司）等待。稳定的网络不会有失去用户的风险。用户就像大脑中的神经元那样来来去去。但是，规模较大的网络将保持不变，经济学家将它们称为"自然垄断"，这个术语最初是由约翰·斯图尔特·密尔（John Stuart Mill）创造的。当一家企业掌控整个市场最有效时，就会形成自然垄断。经常能在公用事业中看到这种垄断，但它们同样也存在于网络中。这是因为在这两种情况中，额外用户的价值要远远高于典型的规模经济。在这些行业中，用户增长给一家企业带来的价值，要远远高于它给其他公司所带来的价值。

> 一个稳定的网络所带来的好处值得所有公司（不管是大公司还是小公司）等待。稳定的网络不会有失去用户的风险。

断点：互联网进化启示录
Breakpoint :
Why the Web Will Implode, Search Will Be Obsolete, and Everything Else You Need to Know About Technology Is in Your Brain

所有企业都希望能占据垄断地位。市场的变化会引起市场份额的下降，但自然垄断却会持续下去。有时候政府也会参与其中，这一直都是一个问题。美国电话电报公司在 20 世纪 80 年代就发现了这一点：由于它对电话业务的垄断，因此美国政府强制要求它进行拆分。但我要强调的是，一定要等待"网络"占据主导地位。

最近超过 2 亿用户的 LinkedIn 取得了相当大的成功。LinkedIn 的目标是专业人士，而且他们一直在坚持这个定位。他们不鼓励用户的连接过于稀少。实际上，在该网站中也不会看到你拥有 100 万个链接（这种情况下将显示"500+"）。这样做淘汰了 MySpace 和 Facebook 中的人气竞争。LinkedIn 强调的是隔离度，让用户可以知道两个用户之间是如何连接在一起的。

LinkedIn 还采用了免费增值模式，即网站的使用是免费的，但需要订阅才能访问某些功能。用户要使用该网站的某些功能时，它才会对用户收费。支付功能往往是更高级别的，因此普通用户也不会感到被轻视了。他们也利用广告来获益。

LinkedIn 按照正确的模式发展：初期没有任何广告，之后采用内容丰富但不具侵略性的广告，最近才开始显示更加显眼的广告。

我们无需惊讶于 LinkedIn 的这种成功策略，因为该公司是由当今最成功的投资者雷德·霍夫曼（Reid Hoffman）创办的。霍夫曼先后投资过很多企业，包括社交网 SocialNet、PayPal、Facebook、Zynga、维基百科、掘客（Digg）、SixApart和 Last.fm，他很可能已经看过它们所经历的每一个阶段。我们不知道这些企业会如何发展，但我们可以见证它们是如何成功和失败的。

我们专注于增长，但很少有人知道网络中长期以来都在发生的事情。只要有资源，它就会增长；一旦资源耗尽，它就会达到断点。这一阶段将消耗承载能力并支配市场。如果没有强大的竞争对手出现，网络就有可能成为企业。渡过断点的网络就像是找到栖息地的海鞘，这时就是赚取利润和吃掉大脑的时刻。

现象、语言与镜像神经元：

互联网可持续性发展的核心问题

不可否认的是，互联网是真正的通用平台，它消除了人们之间的语言障碍。让我们可以了解距离和经验都和我们相差甚远的人们。如果互联网和大脑的功能相同，而且如果它们以相同的方式进行通信，那么它们为什么不能互相讲话？可见，语言仍然是互联网的核心问题。我们解决了这个问题后，就会出现一种新的网络革命。

| 所有网络得以发展的关键：沟通

虽然蚂蚁的智力不高，也不会说话，但它们却非常擅于交流——通过气味自动来完成。它们的身体上覆盖着表皮碳氢化合物，每只蚂蚁都携带着蚁群特有的表皮碳氢化合物信息素或气味。当两只蚂蚁相遇时，只要用触角接触对方的触角或身体，立刻就可以判断出对方是否是自己蚁群的一份子。如果它发现对方是一家人，就会进一步判断这只蚂蚁刚才去了哪里、它正在执行什么任务，有时甚至可以判断出这只蚂蚁刚刚吃了什么。

蚂蚁每天要和很多同伴接触。蚂蚁交互的模式将会在很大程度上决定它要执行的任务。在觅食过程中，它们根据其他蚂蚁留下的气味就能判断方向，并预测食物的美味程度。当蚂蚁发现优质食物时就会留下更加强烈的气味，鼓励其他蚂蚁顺着它们的痕迹，带回更多的优质食物。

与其他昆虫相比，蚂蚁的嗅觉更敏锐。范德堡大学的生物学家劳伦斯·兹维伯（Laurence Zwiebel）在一项新研究中制作了一种典型的蚂蚁嗅觉系统，发现它们具有 400 种不同的气味受体。对于昆虫来说，这是一个庞大的数字；蜜蜂的气味受体少于 200 种，而果蝇的只有 61 种。兹维伯说："我们提出了一种合理的假设：气味感知能力的急剧提升，是蚂蚁进化出这种高级社会组织的原因所在。"

气味的细微差别对蚁群的生存至关重要。事实上，只要具有正确的气味就可以欺骗蚁群。一种跳蛛进化出了独特的生存方法，它们可以复制出某个蚁群的气味并进入蚁巢中。它们在蚂蚁的鼻子底下偷窃幼虫，而蚂蚁却无法发现这种复制了蚁群气味的入侵者。

也许最值得研究的是不同蚁群的蚂蚁之间的交互。它们通常会不惜代价地回避对方。正如黛博拉·戈登所说："当蚂蚁遇到其他蚁群的蚂蚁时，它们会立刻转身来避开这种陌生的气味。"如果收获蚁在觅食时碰到另一个蚁群的蚂蚁，它就会立刻向相反的方向爬去。它在返回蚁巢时不会留下任何气味，这样其他同伴就不会向这只蚂蚁爬去了。

"收获蚁通常不会去战斗，但它们会在夏季雨后爆发季节性战斗，"戈登博士说，"也许是因为雨水冲走了地上的化学信号（如蚁群特有的表皮碳氢化合物），而这些信号的缺乏会刺激收获蚁的战斗性。"因此，虽然蚂蚁会避免拥有不同气味的蚂蚁，但气味的缺乏会导致各种混乱。

蚂蚁们需要强大而精确的交流，因此进化让蚂蚁具备了必要的器官。它们通过身体各部位的腺体，包括直肠、胸骨和后足胫节，既能接受消息（它们的 400 种气味受体），又能"讲"自己的语言。有了这些之后，蚁群中的蚂蚁就可以流利地交

我们会和谈得来的人培养更紧密的联系。我们最重要的人脉网络是由能理解我们的人所组成的，而这很大程度上取决于他们能把你的语言说得有多好。

断点：互联网进化启示录
Breakpoint :
Why the Web Will Implode,
Search Will Be Obsolete,
and Everything Else You
Need to Know About
Technology Is in Your Brain

谈。然而，蚁群外的交流却崩溃了。

人类也是如此。我们最理解的往往是讲相同语言的那些人。然而，要是没有一定的注意事项，即使是一般性的叙述也会有问题。完美无瑕的交流是不可能实现的，因为语言会受到很多复杂因素的影响，包括年龄、教育程度和地理位置。很多到伦敦旅游的美国人发现，尽管他们使用同一种语言，但他们对萧伯纳的评价是不同的。即使是同一个家庭的孩子，他们使用的也可能是完全不同的语言（而且通常情况下是无法理解的）。

我们会和谈得来的人培养更紧密的联系。我们最重要的人脉网络是由能理解我们的人所组成的，而这很大程度上取决于他们能把你的语言说得有多好。

不可否认的是，互联网消除了人们之间的语言障碍。互联网是真正的通用平台，让我们可以了解距离和经验都和我们相差甚远的人们。其基本过程是很值得我们注意。要与日本的同事交流思想，美国教授就必须先把自己的想法输入到电脑中。这些想法会通过万维网（不同语言），再穿过互联网（不同语言），最后被翻译成日语（不同语言）。互联网目前正在尝试理解 8 512 种计算机语言，几十种基于 HTML 的万维网语言和将近 6 500 种活跃的口语。但是我们目前还没有实现这一点。

如果没有有效的沟通，所有的网络（不管是蚂蚁、人类还是技术）都不能实现最大的成功。在我们找到方法来克服语言障碍之前，互联网无法充分发挥其潜力。虽然网络已经非常可靠，但当我们弄清楚如何在自己身上覆盖"上皮碳氢化合物"后，它就会变得无比强大。互联网要得到发展，就需要学习沟通，就像蚂蚁在几百万年前、人类在几千年前那样。

语言对于网络的意义

大多数人都没有见过真正的语言学家，他们认为语言学家都是像诺姆·乔姆斯基那样——一位来自麻省理工学院、堂吉诃德式的人物，他经常穿着一件花呢外套，喜欢当众纠正别人的讲话方式。在晚宴上，你肯定不想坐在这种人旁边。但现在的语言学家已经成为脑科学界的印第安纳·琼斯——探索未知世界的伟大探险家。

以前乏味的语言学世界已经变成了创新的温床。实际上，几乎所有大型网络公司都会雇用语言学家，而网络中也有很多语言学家。加州大学洛杉矶分校的计算机语言学副教授艾德·斯特布勒（Ed Stabler）说："语言学过去主要是学术追求，工作很难找而且工资也不高。而现在，我的博士生同学几乎全部在（除了留校的之外）网络公司上班。在过去的5年间发生了巨大的改变。"

语言是很多技术的基础，而这些技术让互联网变得更有用。拿搜索引擎为例。谷歌使用智能软件来"阅读"网站，这就是它找到与搜索关键字最匹配的网页的方法。谷歌和其他搜索引擎主动读取上千个网站，来确定它们与用户搜索的相关性。词语是人类智慧的基本单位，而语言是文明的基础。西格蒙德·弗洛伊德这样说："第一个用辱骂代替了扔石头的人是文明的创造者。"

说话是人类独有的成就，这是其他动物和电脑无法掌握的。对于人类学家来说，语言、语法和其中包含的逻辑、理性都是解开大脑秘密的关键。语言具有启发作用，这不仅是因为它能让我们了解我们如何看待世界，还能说明我们如何检索信息。组词成句和组句成段的方法都能显示出我们的逻辑和不合逻辑的地方。谷歌和其他硅谷公司雇用了斯特布勒的学生，尝试借助语言的力量将互联网变成能思考、可以推理的大脑。这里面存在含一种陷阱：语言是在大脑达到断点前获得的，互联网可能也会出现同样的情况。这就是这么多公司争先聘请语言学家的原因——他们都看到了这次机会，但他们也知道它随时可能会溜走。

Breakpoint: Why the Web Will Implode, Search Will Be Obsolete, and Everything Else You Need to Know About Technology Is in Your Brain

> 语言具有启发作用，这不仅是因为它能让我们了解我们如何看待世界，还能说明我们如何检索信息。

|语言学习的断点

语言学家发现，孩子们在某个重要的发展时期最容易学习母语。这个概念最初是由麦吉尔大学的神经科学家怀尔德·彭菲尔德（Wilder Penfield）在 1959 年提出的，而他之后的研究工作证明了这个理论。虽然学者们对其中的一些细节有不同意见，但他们都认为学习一门主要语言的关键期是 4 个月~5 岁。过了这个时期后，就很难学习母语了（人们认为还存在学习第二外语的关键期。这个阶段大约会在青春期结束，此后语言的学习就比较困难了）。

人们普遍认为，之所以存在关键时期的原因是：处于增长阶段的大脑更具可塑性。在神经元链接增长的过程中，大脑仍然具有高度的适应性，这会促进学习。这些链接消失时，大脑就会变得更协调，同时也更坚硬。因此，凭借灵活的神经元对小孩子在其学习和适应性方面的帮助，小孩子会更容易学习语言，长大后，语言的学习就会比较困难，因为神经元的灵活性降低了。

另一种理论也非常可信：在大脑达到断点后，我们就会失去学习语言所需要的很多神经元链接。大脑学会了母语后，就不再需要那些代价高昂的神经元链接了，因为会说多种语言对进化没有任何好处。哈佛大学的语言学家史蒂芬·平克（Steven Pinker）在《语言本能》（The Language Instinct）中论证了这个理论："语言学习的机制也是如此，学会了母语后，你就不再需要它了。如果维持它需要很高的代价，就应该将它拆除……没事干又很贪吃的神经元细胞应该被送到垃圾回收站。"

不管哪种理论正确，都能说明语言学习有自己的断点，而它与大脑的阶段是不同的。正如得克萨斯大学的语言学教授大卫·伯德桑（David Bird）所说："通常会有悟性的突然出现或增强，随后悟性达到最高点，然后会逐渐衰退或下降，最后达到稳定状态。"也就是，正如伯德桑所说，它会经历增长期、断点和平衡期（见图9—1）。

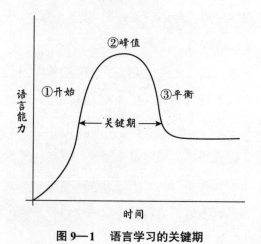

图9—1 语言学习的关键期

| 互联网存储人类语言的方式：词网

　　学习语言并不像学习单词那么简单。正如史蒂芬·平克所说："如果你的车里放着一个包，而包里装着一升牛奶，那么你的车里就有一升牛奶。但如果你的车里坐着一个人，而这个人体内有一升血，那么推断出'你的车里有一升血'这个结论就会很奇怪。"大脑皮层中的1 000亿个神经元可能需要花一两秒钟才能找到这个答案。虽然今天的电脑有先进的硅芯片，但它很可能仍然无法理解这一点。这是互联网必须理解的语言和思维线索。否则，就算它的计算速度比大脑快很多，也没有任何作用。

过去语言学家一直对互联网不感兴趣，而互联网公司也一直忽略语言学领域。虽然互联网依赖于词语，但人们认为很难将词语和词义联系起来。但这一切都被普林斯顿大学的著名心理学家乔治·米勒（George Miller）的一项创新改变了。米勒的创新称为"词网"（WordNet），它创建于 1985 年，并在之后的 15 年里得到了完善。到 19 世纪末 20 世纪初时，词网的原理已经被用于互联网，并促进了对语言学家的需要。米勒因此获得了几十个奖项，包括白宫颁发的美国国家科学奖。

词网大胆地按照大脑存储语言的方式，在电脑中分类存储人类语言。例如：

交通工具→机动车→汽车（automobile）=汽车（auto）=汽车（car）→跑车→保时捷→911、944、博斯特、卡宴、卡曼、帕拉美拉。

> 过去语言学家一直对互联网不感兴趣，而互联网公司也一直忽略语言学领域。虽然互联网依赖于词语，但人们认为它很难将词语和词义联系起来。

断点：互联网进化启示录
Breakpoint :
Why the Web Will Implode,
Search Will Be Obsolete,
and Everything Else You
Need to Know About
Technology Is in Your Brain

自然语言中的每个词都有这种概括性和具体化。这些关系形成了网络结构，它们位于记忆系统的神经元之上。这种网络表示法能够将特定的信息放在可用于找到查询答案的更通用的框架上。

这对搜索引擎来说是个好消息。如果没有词网，当用户输入"博斯特"时，搜索的就只是"博斯特"。但有了词网这样的网络结构后，搜索引擎还会激活"跑车"和"保时捷"节点，得出更加丰富的信息。用户很快就能发现，博斯特拥有大功率发动机，通常只能坐两个人，而且价格也不便宜。词网对拼写检查和词典来说也是很有用的工具，邮件的自动检查功能可以让你的内容更好。它还能解决技术（试图解决自然语言，例如苹果的 Siri）的上下文问题。

语言中还有一个更大的问题，即词语的多义性。如果自然语言中的单词只具有明确的含义，生活就会变得很简单。不幸的是，情况并非如此。例如，911 就具有不同的含义。除了表示一款跑车类型外，它还表示曾发生在美国的恐怖袭击事件。语言是一种复杂的、不断发展的工具，看一下字典就能发现，几乎所有常用词都具有多重含义。实际上，单词的使用频率越高，它的含义就越多。更复杂的是，语言学中的真理是每个词的含义都略有不同，因此即使是同义词也不完全相同。

考虑这两个单词："木板"（board）和"木板"（plank）。它们指的都是木块。"他去家得宝（Home Deport）买了一块多节松木板（board）"和"他去家得宝买了一块多节松木板（plank）"这两句话的意思相同，但这两个词都是多义词，它们的其他含义完全不同。例如，在下面的句子中，这两个词是不可互换的："如果这个 CEO 没有进入公司的董事会（board），他就会被风险投资家们开除（plank）。"

人类可以很好地处理这种情况。例如，当有人听到"球棒、球、棒球内场"时，她就会知道这个话题肯定与棒球有关，虽然这些单词都是多义词。"bat"指的可能是一种会飞的动物或一根木棒，"diamond"指的可能是宝石或形状，而"ball"指的可能是舞蹈或球体。我们之所以能将这些单词与"棒球"联系起来，是因为语言网络的上下文。一个具有正常智力的人可以基于上下文选择正确的含义，即使是一个单词具有多种含义也是如此。这个问题对电脑来说却很难，在人工智能的早期尝试中很快就失败了。单词的上下文和含义很容易被人类理解，但对电脑来说却很难。

词网通过同义词集来处理单词的多种含义。每个同义词集都由包含特定含义的单词组组成；它们虽然是同义词，但只包含一种含义。拿上面的示例为例，当"board"和"plank"指的是"木块"时，它们就会形成同义词集。然而，"board"和"plank"都有其他的含义。

词网使用扩散激活脑科学算法来解决二义性问题。在"扩散激活"过程中，具有密切联系的单词会像神经元一样串联在一起。网络中的一个单词会激活附近的其他单词。重新考虑一下球棒、球和棒球内场。这里的每个单词都有多重含义，但它们的一系列含义中都包含与棒球相关的含义。如果我们激活连接到每种含义的链接，棒球节点就会获得其他所有单词不常见含义的 3 倍激活。这样，扩散激活就解决了含义的问题：当有人说球棒、球和棒球内场时，词网就会包含棒球（而不是会飞的哺乳动物或婚礼）。词网以这种方式将语义映射和同义词集结合在一起，通过扩散激活，将语言的上下文加入到互联网。

举一个更实际的例子：当有人需要购买一套新衣服时，他可能会搜索衬衫、裤子、鞋子、外套和袜子。服装是统一种类。如果这些特定的术语都扩散激活到连接它的网络，"服装"一词就会被多次激活。这种计算在电子商务中非常有价值，因为我们知道很少有专门销售衬衫的衬衫专卖店或专门销售裤子的裤子专卖店，但它们在服装店里都会销售。要知道一般性的需求是很重要的一件事，电脑在没有任何帮助的情况下很难做到这一点。"词网"正好解决了这个关键问题。

如果没有这种智慧，互联网公司就会像小孩子那样很容易犯可笑的错误。这让我想起了谷歌的第一个广告系统：它无意间将旅行包广告放在一篇描述一个女人被谋杀并被装到手提箱里的新闻上。谷歌收购了一家利用乔治·米勒词网的公司，并将它合并到自己的广告系统中。几乎所有搜索引擎和很多广告系统都使用这些技术，来让他们的引擎和算法变得智能。

镜像神经元重新定义了大脑的思考方式

在 20 世纪 90 年代之前，人们认为所有神经元的工作方

式都相同——它们充当的是被某种刺激激活的处理单元。但
1991 年，一项发现从根本上改变了我们对大脑的认识。

意大利帕尔马大学的生理学家贾科莫·里佐拉蒂
（Giacomo Rizzolatti）当时正在研究当猴子伸手去抓物体时，
神经元会如何反应。里佐拉蒂将电极植入猴子的脑袋中，并
观察猴子每次抓坚果时的神经元放电情况。这项研究并没有
令人兴奋的新内容，里佐拉蒂研究的是神经科学家早已证实
的过程。身体会响应运动皮层的神经元进行运动。但意想不
到的事情发生了。当一名研究生拿着甜筒走进实验室时，猴
子转移了注意力，开始观察这名学生吃冰激凌……然后这只
猴子的运动神经元开始活跃了起来。

根据我们当时的认识，这种结果是不可能出现的。每个
神经元都应该执行简单单一的功能。它们是孤立的，运动神
经元只会对自己的运动放电，而不是别人的行为。最重要的
是，它们无法追踪我们自己和别人的行为——它不是这样工
作的。这就像是你的汽车会对你踩下油门踏板的动作作出回
应，也会对街上其他汽车司机的动作作出回应一样。不管是
哪种情况，结果都很严重。

作为神经科学家，里佐拉蒂非常了解这一点。他的第一
个结论是神经元的连接不正确，因此他检查了其他机器、猴
子及其大脑的区域。但不管是哪种情况，结果都一样：神经
元会对其他人的行为作出响应。里佐拉蒂发现了一种新的神
经元，现在被称为镜像神经元（有趣的是，里佐拉蒂获得了
认知神经科学学会的重要奖项，该奖项是以词网的创建者乔

治·米勒的名字命名的）。

在过去的十年里，其他神经科学家重复了里佐拉蒂的结果，并证明了这些神经元确实存在。镜像神经元重新定义了大脑的思考方式。它们在人体中格外突出；人们认为我们的大脑中存在更多、更复杂的神经元。神经科学家认为镜像神经元负责我们的认知能力，尤其是同理心、文化和语言这几个方面。神经科学家维兰努亚·拉玛钱德朗（Vilayanur Ramachandran）大胆预测："镜像神经元对心理学的作用，和 DNA 对生物学的作用相同。"

> 镜像神经元不仅重新定义了大脑的思考方式，还能够预测其他人的行为，让我们感同身受并把其他人放在我们的生活环境中。

镜像神经元既不高大，也不聪明，但它们能做一些其他神经元无法做到的事情，即做出预测。运动皮层的镜像神经元可以预测出一个动作的意图（拿着一只甜筒 Vs 吃了它）。它们有时只会对真正的意图做出反应，不会回应无意义的行为和随意的手势。南加州大学的神经科学家迈克尔·阿比伯（Michael Arbib）将镜像神经元放到完整的上下文中："位于前运动皮层的神经元是一种机制，让我们能认识到其他人行为的含义。"

镜像神经元的作用不止如此。它们可以在大脑中进行搜索，并将不同的主题和信息结合起来。当我们看到有人吃冰激凌时，运动镜像神经元就会放电。虽然这并不会激活运动皮层，也不会让我们模仿其他人的行为，但它会引发大脑其他区域的反应，并有效地将其他人的行为和我们的大脑连接起来。镜像神经元会预测其他人的行为，让我们感同身受并把其他人放在我们的生活环境中。

词网说明了我们将词语和其含义连接起来的方式，但镜像神经元提供了学习语言的必要组成部分。事实证明，词只是语言难题的一部分，剩余的问题来自我们做出预测的能力。想了解我们如何学习语言的科学家可能已经从镜像神经元中找到了答案。

几周大的婴儿会模仿周围人的行为，鸟、黑猩猩和狗也会这样做。在别人讲话时，它们的嘴和舌头也会跟着动；在别人走路时，它们也会跟着移动胳膊和腿；它们会像别人一样移动它们的脑袋和眼睛；它们会以微笑或皱眉来回应别人。这种行为基本上都是自动的，它只是纯粹的模仿，并不是由意图所支持的。

小孩最终会有意识地去追求目标。他们刚开始时会进行盲目模仿，但随着大脑的发育，模仿最终会变为理解。这可能是幼儿时期镜像神经元发育的结果，它处于大脑达到断点之前的增长阶段。一旦发育完成，当复杂的模式出现时，大脑中的镜像神经元就会放电。镜像神经元连接着语言和大脑的运动区，将行为（讲话、书写、手势和签名等）和意图紧密地联系在一起。

需要注意的是，镜像神经元最早是在不会讲话的猴子身上发现的。因为灵长类动物的镜像神经元非常简单，所以它们无法形成很多有意义的连接。灵长类动物以简单的方式进行交流，它们使用镜像神经元来预测环境，而不是其他同伴的意图。

具有讽刺意味的是，会让我们变聪明的是做出错误的、不合逻辑的决策。

断点：互联网进化启示录
Breakpoint:
Why the Web Will Implode,
Search Will Be Obsolete,
and Everything Else You
Need to Know About
Technology Is in Your Brain

| 关于智慧的悖论

　　技术缺少镜像神经元。机器人、电脑和互联网是强大的、可预测的和理性的。其主要原因是我们认为机器是没有感情的机械。电脑可以成为大脑，但思维是不同的。这种想法的后果就是我们错过了很多机会。

　　我们的逆向工程尝试（根据大脑来打造更好的电脑）的依据就是神经元，这在我们看来是符合逻辑的。但现在我们知道这种描述并不准确，因为神经元很容易出错。然而，镜像神经元有所不同：它没有真正的逻辑，因为它们一直是在解释、猜测并进行预测。我们一直认为思想和语言有关，而智慧和思想有关，但实际上是我们预测的能力让我们拥有了智慧。除了语言外，预测的能力也源于镜像神经元。镜像神经元将我们的思想和行为与背景结合起来，让我们拥有了预测的能力。正是这种能力让我们变得更智慧。

　　具有讽刺意味的是，会让我们变聪明的是做出错误的、不合逻辑的决策。神经科学家艾克纳恩·高德伯（Elkhonon Goldberg）在《智慧悖论》（*The Wisdom Paradox*）一书中描述了决策制定的感觉："当我正在试着解决一个难题时，脑子里会突然蹦出一种解决方案。虽然乍看起来毫不相干，但它却能提供一种非常有效的解决方法。过去互不相干的事情此时会显示出彼此之间的关系。当我自己更像是被动接受者，而不是精神生活的积极应变调节者时，这一切都会顺其

自然地发生。"高德伯将它称为智慧，他很高兴地发现，随
着他的年龄越来越大，他拥有的智慧也会越多："随着年龄
的增长，我无法再进行紧张的脑力劳动了，但我却获得了洞
察力。"

高德伯的大脑并不是计算机，但它确实逐渐形成了联想、
记忆、情感和预测机制。我们将它称为智慧，它并不是大脑
的现象，而是大脑的产物，这很可能就是大脑镜像神经元的
工作。

为了知道在什么时候该做什么事情，大脑必须眺望未来
并进行想象。大脑会研究其环境，观察别人在做什么，并模
拟未来可能出现的情况。然后大脑会根据这些情况，推测未
来最可能发生的事情。而且为了节省能量（这样它就不需要
解释、计算并反复推测），它会从这些模仿中进行学习。最
终头脑中会浮现这种想法（将来时，而不是过去和现在时）：
"下一步该干什么？"

前瞻性思维是逐渐消除大脑不确定性的方式。它会根据
过去的经验来做出预测。人脑不仅可以学习和记住发生过的
事情，还能记住没有发生的事情。它会将这些分离的、有限
的信息转化为真正的洞察力。正如平克所说，我们根据零碎
的信息作出的猜测难免会出错。

| 了解用户意图的镜像神经元引擎

　　一些最具创新精神的科技公司已经找到了利用预测能力的方式。例如，奈飞创建了一种称为"你可能会喜欢"（Cinematch）的技术，用于帮助顾客找到喜欢的电影。奈飞通过顾客曾经观看过的电影，使用一些算法来为他们推荐其他电影（"奈飞"的本意是指"用大量数据决定简单的统计线性模型"）。根据"你可能会喜欢"算法，奈飞甚至能为情侣们推荐他们喜欢的电影，这应该是一个奇迹。该算法之所以会起作用，是因为它需要大量的信息作出预测，并从这些预测中学习。

　　"你可能会喜欢"系统也有自己的问题。该算法最大的缺点是，它只推荐最热门的电影。这样的话，很多好看的小众电影就会被忽略掉。奈飞不知道该如何解决这个问题，因此他们提供了 100 万美元，来寻找能够将"你可能会喜欢"的算法提高 10% 的人。

　　第 7 章讨论过的众包奖励由此诞生。在几个月内，2.5 万个团队和个人申请了奈飞的奖励，并对超过 1.7 万部电影进行了 1 亿多次评分。3 年后，两个团队最终将推荐算法提高了10%。但是，奈飞的推荐仍然不够友好。实际上，奈飞的算法一直不够好。到奈飞支付了这笔奖励时，他们才意识到该算法还是不够好。包括麻省理工学院德瓦余特·莎（Devavrat Shah）在内的很多专家仍在批评奈飞糟糕的推荐系统。

　　存在这个问题的原因是奈飞和参与角逐的团队都没有使用正确的数据。实际上，他们在很多方面都承受着太多数据和信息过载的痛苦。奈飞有几十亿个推荐，而且每天都会出现几百万个新的推荐。和人工智能领域一样，奈飞使用的方法是获得很多数据并试着分析这些数据。奈飞的算法团队肯定认为"数据越多，产生的结果越好"。他们拥有自认为系统所需要的所有逻辑信息，但这些逻辑信息却无法为不合逻辑的人类提供完美的推荐。

　　奈飞遗漏的是被营销人员称为"消费心理学"的心理学数据，这种模糊的信息无法很好地适应一种模型。这种类型的数据让人们能够具有同理心、洞察力，并理解他人及其选择。也就是说，它让系统充当镜像神经元。当奈飞的 CEO 里德·哈斯廷斯宣布新的奈飞奖励时，没有人感到惊讶，但他们这次提供了很多系统所需要的心理学和上下文数据。

　　虽然奈飞很努力地提高推荐技术，但亚马逊具有最先进的预测系统。他们会使用该系统提出建议：经常一起购买的商品、其他顾客购买的商品和"赶紧买"（Quick Picks）个性化交易。他们甚至有一种称为"改善为我推荐"（Betterizer）的技术，可以帮助改善用户推荐。很多分析家将亚马逊（2012年，其盈利就已经超过 610 亿美元）的成功归功于这些先进的预测。福雷斯特研究公司（Forester Research）估计，亚马逊 60% 的推荐都会变成销售。

　　亚马逊的系统非常成功，因为它放弃了支持寻求行为模式的逻辑数据。和词网使用的方法类似，亚马逊使用了从商品到商品的协同过滤。这种协同过滤意味着，亚马逊给每种商品都创建了相关商品的同义词集。有人浏览或购买商品时，亚马逊就会使用扩散激活，从该商品的同义词集中推荐商品。亚马逊的工程师这样描述它："给出类似的列表后，该算法就能找到与用户购买和评价类似的商品，然后就会推荐最受欢迎或最相关的商品……因为该算法能推荐最相关的商品，所以推荐的采纳率非常高。"

其缺点是，亚马逊是通过购买行为（而不是商品的特征）来创建相似商品列表的。如果你要购买一台食品加工机，亚马逊并不会推荐搅拌器。相反，它会比较其他购买了该加工器的用户来进行推荐，可能是电池、延长线或进行清理的海绵。

这种方法与"词网"相同，但亚马逊使用的并不是表示含义的"同义词集"，而是人们购买行为之间的关系，即一种消费心态。这种方法依赖于不同顾客购买商品的重叠和推荐。结果通常都非常好，因为算法可以使用消费心理学数据做出与人类相似的决策。2012年，《财富》杂志是这样评价亚马逊的："很多人都认为 Facebook、谷歌和苹果更了解用户，但事实是，亚马逊更了解用户。"具有讽刺意味的是，虽然亚马逊使用的数据很少，但他们却更了解用户。他们采用了一种简单的方法（像大脑那样），并忽略了很多无关的信息。亚马逊的推荐技术如此优秀，以至于 YouTube 也开始使用类似的算法。

亚马逊预测算法所产生的推荐看似随机，但却非常具有先见之明。正如亚马逊的创始人兼 CEO 杰夫·贝佐斯所说：

"我还记得它第一次让我震惊的时刻。当时页面上主要都是有关禅的书籍，但其中有一本书是关于如何保持桌面整洁的，"贝佐斯接着说，"这并不是人类会做的事情。"

贝佐斯错了，这正是人类会做的事情，正是这些让人类变得如此强大。亚马逊能将有关禅的书籍、过去的行为和贝佐斯准备清理书桌这个事实联系起来，就好像一个人翻看了一摞文件后，才发现他倒霉的同事正疯狂地想要购买一本有关禅的书籍时的反应。

> 奈飞和亚马逊都已经意识到，要提供最有价值的推荐和真正的个性化服务，就必须了解用户的意图，还要会讲他们的语言。

断点：互联网进化启示录
Breakpoint：
Why the Web Will Implode, Search Will Be Obsolete, and Everything Else You Need to Know About Technology Is in Your Brain

然而，贝佐斯正确的地方是，亚马逊没有模仿镜像神经元，这限制了其整体的能力。大多数推荐引擎（包括亚马逊和奈飞）使用的方法更类似于词网，它们通过比较来确定含义和上下文。它确实能有一定效果，但模仿镜像神经元的方法能提供更好的、更精确的预测。

亚马逊和奈飞公司都正在研究模拟镜像神经元的方法。奈飞开始使用社交网络的数据。利用社交网络的数据可以进一步了解镜像神经元。想象一下来自 Facebook 好友和 Twitter 所关注的用户推荐的电影。亚马逊早在几年前就开始使用镜像神经元引擎。他们的电子邮件系统具有独一无二的推荐引擎，这可以追溯到 20 万年前的人类。营销邮件无需自动化，因此亚马逊让员工自己对目标群体提出建议。虽然从技术方面来说这是作弊，但却很有成效。奈飞和亚马逊都已经意识到，要提供最有价值的推荐和真正的个性化服务，就必须了解用户的意图，还要会讲他们的语言。

互联网语言的突破性革命：神经元脉冲应用

我们仍然没有解决根本问题，即未能真正地理解语言。虽然我们已经解决了以前的技术障碍，但看似简单的语言翻译任务仍然没有得到解决。我们虽然取得了进步，但语言仍然是互联网的核心问题。很多科学家、学者和企业家正在努力缩小这个差距。

科学家们尝试用 3 种方法来解决语言问题。第一种解决方法是创建一种通用语言。这种方法还未取得任何效果，因为它在政治上是站不住脚的。美国人和英国人都不会放弃英语，而让法国人放弃法语可能会导致叛乱的发生。同样重要的是，在学习语言的关键期过后，人们就很难学习一门新的语言了，这样会让大多数成年人陷入困境。虽然听起来很简单，但创建一门新语言是不切实际的。

第二种方法是很多语言学专家正在尝试的：语言翻译。位于世界各地的语言学实验室都在试着解决如何翻译语言的问题。问题是翻译要比想象中困难得多。语言是一个动态系统，会随着人类的发展而不断发展。即使是你可以创建一个完美的翻译系统，但当你完成时，语言可能已经改变了。
翻译系统与字典的创建不同，字典可能在出版几周后就过时
了。不同之处在于，这个问题在翻译中显得更加复杂，因为
其中包括多种语言。还有方言问题和更困难的问题，如俚语
的处理。

第三种方法才是我们真正的出路。无需惊讶，它来源于
大脑。大脑中的通信要使用电，尤其是神经元电脉冲。这种
语言是构成所有语言的基础。我们知道：神经元脉冲听起来
像是噼里啪啦作响的静电，很像用收音机搜索信号时听到的
声音。这是语言的基础。如果我们将这种神经元脉冲应用到
互联网和电脑的通信方式上，我们就能从根本上解决翻译问
题。让我们相信这种方法可行还有一个原因。电脑和晶体管
进行通信使用的电流与神经元相同。如果你注意聆听，就会
发现它们发出的声音是一样的。这就引出了一个重要的问题：
如果互联网和大脑的功能相同，如果它们以相同的方式进行
通信，那么它们为什么不能互相讲话？我们解决了这个问题
后，就会出现一种新的网络革命。

脑电图、直觉与人工智能：

下一个创新将是大脑的一部分

进化只和生存相关。当大自然看不到任何生存优势时，就会摒弃较大的大脑。这就是生命的真谛。同样，技术让我们变得更聪明，并让我们能够跳跃式进化，让我们的大脑和身体完成一些从生物学上来说不可能实现的事情。想象一下，让人类将大脑连接到互联网上，会发生什么？于是，一种全新的智慧正在迅速崛起。下一组创新将不仅仅是来源于大脑，它将是大脑的一部分。如果我们能够跨过那道坎，就开始进入有着无限可能的未来。

| 生命的真谛

大脑缩小的原因非常简单，我们要专注于生存，而不是智力。

在过去的 200 万年间，人脑一直在稳步增长。这种情况最近已经发生了改变，在过去的 2 万年，人脑一直在缩小。人脑的体积减小了一个棒球那么大，现在剩下的只有足球大小。这种缩小非常明显和迅速。人类学家约翰·霍克斯沃思（John Hawkesworth）将它描述为"进化过程中发生的严重缩小"。科学家预测，如果以这种速度缩小下去，再过 2 千年我们的大脑就会小于我们祖先直立人的大脑。

这一发现不同于在大脑断点时所发生的情况，即失去了一些神经元和链接。这种情况下的大脑减小是大脑的整体缩小，这意味着大脑要处理的东西减少了。这既不是进化平衡，也不是获得更高智慧的有效方法。

大脑缩小的一个原因是，我们的身体不如祖先魁梧。要记住的是，大脑的体积与体重成正比，较大的身体需要更大的大脑。但这只是大脑缩小的一部分小小原因。脑科学家大卫·吉尔里（David Geary）有一个更惊人的答案："你可能不希望听到这个，但我认为大脑缩小的最好解释就是蠢蛋进化论（idiocracy theory）。"也就是说，我们正在变笨。

很多我们认为有利的进化特征并没有那么重要。我们认为在动物王国中，智力的进化非常重要，但实际情况并非如此。进化只和生存相关。当然，智力对某些物种来说至关重要。但从能量消耗和重量方面来说，大脑会产生负面影响，所以更聪明意味着更危险，而不是更有利。例如，对于鸟类这些动物来说，如果具有更大更重的大脑，它们就无法飞行。

大脑缩小的原因非常简单，我们要专注于生存，而不是智力。更大的大脑让我们能够学习语言、工具，所有的这些创新都让我们能够健壮地生长下去。但是现在我们已经拥有文明了，因此我们的大脑就没有那么重要了。对于所有动物来说都是如此：家畜（包括狗、猫、仓鼠和鸟类）的大脑比它们的野生同类要小 10%~15%。因为维持大脑运作的代价很高，所以当大自然看不到任何生存优势时，就会摒弃较大的大脑。这就是生命的真谛。

| 技术带来人类跳跃式的进化

虽然很难想象我们的大脑发生了改变，但用不着害怕。虽然我们的大脑在缩小，但在过去的 2 万年间还发生了一项改变——技术让我们变得更聪明。技术让我们能够跳跃式进化，让我们的大脑和身体完成一些从生物学上来说不可能实现的事情。我们虽然没有翅膀，但我们发明了能够让我们飞随着印刷机的出现，人类在历史上第一次通过书籍将思想广泛传播开来。思想可以被完整地记录下来，不再会随着传播而改变。而机械化世界又改变了我们，让我们的效率和承载能力都得到了提升。目前电脑的出现就扩展了我们的大脑。

行的飞机、直升机、热气球和悬挂式滑翔机。虽然我们没有足够的力量和速度来击败大型猎物，但我们发明了长矛、步枪和家畜饲养场。

我们不仅扩展了大自然赋予我们的能力，随着技术变得更好、更快、更便宜，我们还提高了速度和效率。在各个革命阶段，技术一步步改善了我们生活的世界。我们在文明摇篮时期的第一大创举是从树上爬下来。这个简单的举动永远改变了我们，让我们进入了快速增长的阶段。在可以直立行走后，我们轻而易举地就实现了以前无法做到的事情。我们很快就发明了车轮并发现了火。

紧接着我们就进入了农业革命时代。这一转变让我们在地理上打下了深厚的根基。我们学习种植并培育作物；我们开始将我们的生活集中在农业上。也许，农业是形成人类最重要的创新（文明）的原因。

印刷机的出现让我们快速进入了印刷革命时代。这是历史上人类第一次通过书籍将思想广泛传播开来。由于书籍的出现，我们的思想不再受地理的限制。思想可以被完整地记录下来，不再会随着传播而改变。由于印刷术的出现，我们的思想和故事得以保存下来，流传给后人。工业革命让我们进入了机械化的世界。这种飞跃让人口增长了4倍，让生活品质和财富提高了2倍。在此之前和从那之后就再也没有发生过这样的事情。机械化世界改变了我们，让我们的效率和承载能力都得到了提升。

不久后就发生了数字革命。如果说之前的创新扩展了我们的身体，那么电脑的出现就扩展了我们的大脑。虽然我们受到逻辑思维的限制，但电脑却可以进行完美的计算。虽然我们受到内存的限制，但电脑却可以存储很多信息。

将人类的大脑与互联网连接，会发生什么

19 世纪 80 年代末，德国天文学家汉斯·伯格（Hans Berger）从马上摔了下来，并差点被一个骑兵践踏。虽然他并没有受伤，但由于姐姐的反应，他的人生从此被改变。虽然伯格的姐姐当时并不在附近，但她却总觉得汉斯处于危险之中。汉斯将它作为心灵感应的依据，并致力于寻找某些证据。

伯格放弃了对天文学的研究，并考入医学院来学习有关大脑的相关知识，以期能够证明"大脑中客观行为和主观心理现象之间的相关性"。他后来成为德国耶拿大学的神经科学教授，继续进行他的研究。

当时的人们对灵学非常感兴趣。很多学者都投身于这个领域，并在著名的高等院校进行学习（例如，美国的斯坦福大学和杜克大学，英国的牛津大学和剑桥大学）。当时很多

也许并不存在所谓的超能力，但毫无疑问，下面的一切都有可能发生：心理感应，没问题；心灵遥感，绝对；千里眼毫无疑问；直觉，当然存在。

人都认为这是伪科学，很多学者都在试着消除（而不是证明）通灵能力的神话。但是，其中的一种精神信念是正确的。

这种信念现在已经获得了理解：我们的大脑通过电来进行通信。这个想法在当时却不被人接受，毕竟电磁场在 1865 年才被发现。伯格却发现了证据。他发明了一种称为脑电图的装置（也可以将它称为 EEG）来记录脑电波。通过 EEG，伯格第一次证明了我们的神经元会使用电脉冲相互通信。他在 1929 年发表了他的研究结果。

和很多革命性的思想一样，伯格的 EEG 结果不是被人忽视，就是被批评得一无是处，毕竟它是超自然的行为。但在接下来的十年里，很多独立学者都证明了该研究结果的正确性，因此这些结果得到了广泛的认可。伯格将他的研究结果当成是心灵感应的证明。在上吊自杀之前，他一直在继续寻找更多的证明。而其他科学家又回到原来的研究领域，而且大多数人都忘记了这些带电的神经元。

这种情况直到 1969 年才发生改变，当时艾伯哈特·费茨博士（Eberhardt Fetz）想探究伯格的发现能否得到更广泛的应用。费茨博士对伯格的发现进行了推理：如果大脑由电流控制，那我们就可以使用大脑来控制电力设备了。虽然这种思路更像是灵学，而不是物理学，但费茨博士还是坚持进行下去了。

在西雅图华盛顿大学的一个小型灵长类动物实验室里，费茨将猕猴的大脑与一个电表连接起来，然后惊讶地看到猴子学会了如何控制电表的读数。真正让人惊叹的是，动物用它们的思维来控制设备。

但这个观点令人难以置信，在 1969 年并没有得到广泛
的引用。随着硅片、电脑和互联网的出现，开始有了无限的
可能性。如果我们将电表换成电脑芯片，将猴子换成人类，
让人类将大脑连接到互联网上，会发生什么？这种技术现在
已经存在了。

一种全新的智慧正在迅速崛起。下一组创新将不仅仅是
来源于大脑，它将是大脑的一部分。全球的科学家们都在试
着完善计算机芯片，以便将它们植入人脑中。如果能够成功
的话，这些结果将非常适合于灵学领域。也许并不存在所谓
的超能力，但毫无疑问，下面的一切都有可能发生：心理感
应，没问题；心灵遥感，绝对；千里眼，毫无疑问；直觉，
当然存在。

| 通往无限可能的未来："大脑之门"

简·舒尔曼（Jan Scheuermann）拿起一块巧克力并咬了
一口。她边嚼着巧克力边笑着说："一个女人的一小口，BCI
（Brian-computer interface，脑 - 机接口）的一大口。"

BCI 表示脑机接口，简是世界上少数几个使用这种技
术的人——通过两个植入芯片，直接与她大脑中的神经元

由大脑控制的植入芯片已经创造出了一个全新的未来。虽然对很多人来说，只用思维控制设备这个想法像是科学幻想，但它已经成了一个不争的事实，而不只是幻想。

相连。布朗大学的神经科学家约翰·多诺霍（John Donoghue）是第一个提出这个构想的人，并在 2004 年将芯片植入到一个瘫痪病人的大脑中。这些硬币大小的计算机芯片来自一种称为"大脑之门"（BrainGate）的技术。在简·舒尔曼的案例中，"大脑之门"芯片被植入到大脑中并被连接到头骨外的连接器上，而该连接器又被连接到控制机械手臂的电脑上。最终，舒尔曼通过思维，控制机械手臂来拿起一块巧克力。

虽然 50 多岁的舒尔曼是一个聪明活泼的女人，但自从她在 40 岁患上了一种罕见的遗传病后，就无法再使用她的胳膊和腿。她说："我大概 10 年都无法移动东西了……这就是我的人生。这就是过山车。这就是跳伞。它就像是个童话，我很享受这个过程中的每一秒。"

已经退役的陆军少校、神经科学家和美国政府机构的高级官员杰弗瑞·凌（Geoffrey Ling）也知道这项研究的重要性，他一起合作参与了这个项目。在看到因伊拉克和阿富汗战争而失去四肢的士兵后，他开始对由大脑控制的假肢感兴趣。"我看到过尼尔·阿姆斯特朗在月球上漫步。但看到简之后，我也同样激动，因为我意识到我们已经跨过了那道坎，开始进入有着无限可能的未来。"

这一革命性的技术确实能改变世界。2008 年，"大脑之门"技术第一次让一个瘫痪的女人和互联网连接了 60 分钟。

主持人斯科特·佩里（Scott Pelley）是这样介绍这段影片的："在亲眼看到某个科学故事之前，我们有时候很难相信它。这就是我们第一次看到人类只用思维来操作计算机、写邮件、驾驶轮椅的感觉。"当简·舒尔曼的第二段影片在 2012 年 12 月播出时，佩里更是作出了这样的评论："很多时候我们都不会使用'突破'这个词，因为这是在滥用它。但当你看到他们如何将机械手臂连接到人脑时，你就会明白我们为什么会这么说了。"

由大脑控制的植入芯片已经创造出了一个全新的未来。虽然对很多人来说，只用思维控制设备这个想法像是科学幻想，但它已经成了一个不争的事实，而不只是幻想。觉得 60 分钟让人难以置信并不奇怪，因为科学已经接近于灵学。有了这些芯片，病人就可以使用他们的思维进行交流、移动机械手臂、点击电脑画面上的图标并连接到互联网了。事实证明，汉斯·伯格是正确的。

虽然"大脑之门"技术非常复杂，但实际上它很容易理解。"大脑之门"技术只是利用了大脑的电信号，伯格的脑电图和费茨的电表也是使用这种方法。只要将"大脑之门"芯片接入运动皮质，它就会读取大脑的电信号并将它们发送给计算机，计算机会解释并将指令发送给其他电气设备，如机械手臂或轮椅。这类似于用电视遥控器来换台。

研究这项技术的医生和科学家的主要目标是，为那些患有严重残疾的人提供移动和改善的功能。这项研究对残疾人非常有意义。它让仿生学变得可行，可以恢复沟通能力，并为残疾人打开了一个全新的世界。

虽然帮助残疾人是研究"大脑之门"技术的动机，但它对我们普通人也有同样重要的意义。想一下如果能将我们的思想接入电脑，世界将会发生怎样的改变。

思维控制一切不再遥远：可穿戴设备的诞生

从电脑被发明之日起，它就逐渐接近我们的大脑。刚开始是大型机，后来又出现了台式机和笔记本，而现在又出现了方便携带的平板电脑和智能手机。谷歌将下一步的赌注押在眼镜上。谷歌眼镜项目使用一个界面，将互联网放在你的眼前——像戴眼镜那样。该设备能倾听你的语音设备，并显示互联网的内容和其他信息。

2004 年，谷歌 CEO 告诉《花花公子》杂志："总有一天，我们会通过大脑芯片来直接访问互联网，因为世界上所有的信息都只是我们的一个想法而已。"在不到 10 年的时间里，其方向就已经确定了：一端接入大脑接口，而另一端则接入更快速、高效和个性化的互联网。

将电极植入到简·舒尔曼和极少数其他病人大脑的情况仍然只是个例，而不是惯例。当然，"大脑之门"芯片需要认真地进行脑部手术。需要花很多年时间才能确保芯片能够安全地植入。还有很多在开发中的脑电波传感器是可以在头骨外使用的，这对我们所有人来说都是重大的变革。

EdanSafe 公司开发了一种名为"智能帽"（SmartCap）的产品，设计目的是确保长途司机的安全。"智能帽"是一种帽子，其中的大脑传感器可以测量司机的警醒程度。很显然，该产品有可能挽救生命。另一家公司神念科技（NeuroSky）正在与几家大型汽车制造商合作，将疲劳传感器植入汽车头枕中。也许你的下一辆车就会包含这项技术。

佐伊（Zeo）有一种可穿戴的脑电图头带，用于测量脑电波。第一款产品是一款闹钟，它会在浅睡阶段将你叫醒，这样你就不会在早晨感到昏昏沉沉了。《波士顿环球报》（Boston Global）这样描述它："这个头带并不是在准确的时间将你叫醒（比如说早上 6 点 30 分），而是使用特殊的传感器来检测你的脑电波，在 6 点 30 分左右的浅睡眠阶段将你叫醒。"但它的功能不止如此。佐伊还可以做在线睡眠教练。它会记录数据、提供睡眠成绩，并对比你和其他人的睡眠方式。《纽约时报》指出这可能是佐伊的这项新技术中最有意义的部分："不可思议的是，关于你存在的所有数据都会被看到，而在此之前你却对此一无所知。"

入睡的司机和疲劳的沉睡者很难被叫醒，这个问题非常重要。每年会有数千人死于疲劳驾驶，而佐伊的睡眠管理系统是上百万个有睡眠障碍的美国人梦寐以求的。另外，脑感应技术还被用于娱乐。伊默提夫公司（Emotiv）（他们的口号是"敢想才有希望"）有一款可穿戴的头盔，通过测量脑电波来操控在线游戏。你不妨大胆地想象一下，如果只通过思维来玩游戏，是不是很酷？这些产品非常让人兴奋，它们让人第一次体验到了魔法和超自然力。

InteraXon 公司也不甘示弱，2012 年底，他们在 indiegogo.com 上发起了一项众筹活动，希望筹集几十万美元来开发他们的新产品。除此之外，他们还发明了用思维控制的啤酒机，只需要捐赠 8 500 美元就可以在下次聚会上使用它。InteraXon 公司说，总有一天这项技术可以让你用思维来控制所有的东西。

你很快就能看到，即使不是在万圣节，也有戴着毛茸茸的猫耳朵走来走去的人。这些猫耳朵配有传感器，其中一只紧贴在前额，而另一只则连接到耳垂上。制造商猫的秘密（Necomimi）说这个设备可以读取脑电波，并确定你当前是处于专注还是放松状态。当你对什么非常感兴趣时，两只耳朵就会迅速竖起来。当你要入睡时，它们就会垂下来。很显然这并不是什么严肃的事情，猫的秘密将该产品称为"派对中有趣的物品"，但是它使用的技术是真实的。这些设备并不是智能的，但是它们却非常聪明。

你可能会说这些技术很无聊，你基本上是正确的。一个全新的行业正在围绕着可穿戴传感器展开，你也可以将它称为"神念科技"（neurowear）。来自这些行业的"无聊"创新总有一天会成为我们生活中的关键部分。创新常常在不同寻常的地方出现。例如，当特斯拉的创始人兼 CEO 埃隆·马斯克创办该公司时，他的最终目标是大量生产电动汽车，但他却严重

> 创新常常在不同寻常的地方出现。一个全新的行业正在围绕着可穿戴传感器展开，你也可以将它称为"神念科技"。

缺乏资金。因此他开始生产一款新型汽车（一款昂贵的跑车，
称为特斯拉电动敞篷跑车），用于补充大规模生产的开发成本。
马斯克这样解释道："我认为我们受到了一些错误的批评，人
们总是说：'你为什么要生产这种昂贵的跑车呢？'虽然在某
种程度上，我们认为缺少一种专门为有钱人制造的跑车。但实
际上，有时候我会煞费苦心地说，我们的目标一致是推动电动
汽车革命，我们需要时间来提高技术……它最终会发展成为大
众市场。"第一代汽车在人们看来是非常新奇的，但直到先行
者有机会成功驾驶后，它才对世界产生了影响力。

神念科技也是如此。想象一下，当兔子耳朵被完善并被
用来开门或开灯时会怎样。或者不用思维操作啤酒机，而
是用它来启动壁炉或预热烤箱。再想象一下正在开发的所有
神经游戏，这些技术总有一天会被用于神经反馈。这将会帮
助到无数人：有助于注意力缺失的人集中注意力，让司机保
持警觉或帮助学生保持专注。商业创新的共同周期是，公司
利用紧俏产品来支持新技术。这样，技术才会进步。

| 机器人时代的来临

人们自古以来就一直想象着创造出能够进行思考的机器。
柏拉图的著作中提到过可以移动和思考的雕像。荷马的《伊利

亚特》中有由两个金色雕塑陪伴的神："类似的一切都是值得的，用头脑和智慧来武装年轻人。"即使是用希伯来文编写的《犹太法典》中用粘土构成的魔像也被赋予了思考的能力。我们通过混合辅助肢体（HAL）、智能机器人（iRobot）、《星球大战》以及《星际迷航》中无数的机器人英雄和恶棍看到了新世界。我们受到终结者的袭击，但得到了约翰尼 5 号的喜欢。我们一直都认为（而且很多人都认为它是不可避免的），我们的技术追求总有一天会给我们带来拥有思维的机器。

机器人的时代已经来临。几乎所有的行业都在使用机器人。在制造业，机器人（如电弧伴侣）在生产线上；在家里，罗姆巴（Roomba）在做清洁。200 年前，70% 的人是农民。而现在，1% 的工作都被机器取代了。《连线》杂志预测：100 年后的今天，70% 的工作都将被机器所取代。

机器人非常有趣，但它们还没有实现人工智能的目标。我们的很多体力和脑力劳动都已经被外包出去了，但它们仍然不符合我们的想象。电脑一直都是潜在的候选人。甚至在 1987 年，生物学家理查德·道金斯（Richand Dawkins）就在《盲眼钟表匠》(*The Blind Watchmaker*)一书中将电脑称为"名义上的生命体"。当时的电脑无法充当"无私的细胞"，但互联网的出现改变了这一点。

我们讨论的不只是生物系统，我们讨论的是智能。如果我们创造出一个能打败海蛞蝓的在线生命体，没有人会在意。但如果我们创造出能让我们更聪明的东西（以达尔文无法想象的方式复制、学习并进化），我们就是创造出了真正的智能。

机器人的时代已经来临。几乎所有的行业都在使用机器人。《连线》杂志预测：100 年后的今天，70% 的工作都将被机器所取代。

科学家们一直在打造第一款智能机，但对人工智能的追
求却一直受到各种问题的困扰。也许"人工智能"这个词本
身就是最大的原因：当我们制造智能机时，并没有任何人为
因素。人工智能产生于20世纪50年代，当时的科学家们试
图利用电脑的力量击败人类的智慧。他们的想法是，只要有
了足够的速度和力量，电脑就能完成大脑能完成的所有事情。
毕竟一台普通的笔记本电脑的计算速度是人脑的500万倍。
这种方法成功创造出了人工智能，但它是人为的。20世纪
70年代，"全胜"（Gammonoid）很快成为世界上最优秀的双
陆棋选手。20世纪90年代，电脑"深蓝"在国际象棋比赛
中击败了人类对手。2011年，IBM的"沃森"电脑在《挑战
自我》（Jeopardy）节目中击败了人类选手，获得了冠军。但
所有这些电脑都不友好，它们不会打招呼、握手和与人寒暄。
它们只是具有巨大存储和计算能力的机器。我们已经证明，
人工智能永远无法创造真正的智慧。

最新的趋势是大脑的逆向工程。因为从理论上来说，一
旦我们了解了大脑的所有部位，就可以重新创建它们来构造
智能系统。但这种方法有两个问题。

第一个问题是，目前我们还无法真正理解大脑。大脑（尤
其是大脑的各部分）对我们来说仍然是一个谜。虽然神经科
学已经取得了很大的进步，但它仍然处于初级阶段。新研究
不断改写着前人的理论。这是科学中普遍存在的问题——科
学不讲事实，只讲理论。科学家们可以证明出错的结论，却
无法证明正确的结论。虽然我们信心十足，但完美的知识是

不存在的。领域越新，现在的理论被未来研究结果推翻的可能性就越大。

即使是大脑中的神经元数量这类简单的问题也引起了激烈的争论。20 世纪 70 年代和 2000 年末的理论是：大脑中只有 860 亿个神经元，而我们现在将其确定为 1 000 亿个，这与 20 世纪 80 到 90 年代所确定的个数大致相同。但是新的研究再次对这个数字提出了质疑。神经科学家们估计其个数为 100 亿 ~ 1 万亿个。这还没有考虑周围的 100 万亿个神经元连接和无数个胶质细胞。

大脑逆向工程的第二个问题更加重要。正如莱特兄弟没有通过分析鸟类来学习飞翔一样，我们也不会通过重新创建大脑来学习创造智能。虽然莱特飞行器一点也不像鸟，但它同样可以飞行。我们可以将大脑作为大致的指南（就像莱特兄弟将鸟类作为指南一样），但智能最终会以自己的方式出现。

可以肯定的是，我们可以从生物学中学习。莱特兄弟使用了他们从鸟类飞行中所学到的概念：翼展、速度和空气动力学，但他们却没有使用鸟类的其他特征（羽毛、鸟喙和器官）。从生物学上了解某物体并不意味着你要建造或设计它。

互联网确实拥有智慧，但它既没有 1.4 公斤重的"褶皱"，也没有细胞、血和脂肪。这些对大脑来说很重要，但和智力没有关系。这样，我们就无需人为地创造一个大脑，但智力却是真实存在的。曾经拥护逆向工程的丹·丹尼特这样说："我正在尝试纠正我在几年前所犯的错误，并重新考虑这个观点——了解思维的方式就是将它拆分开。"

丹尼特的错误是将大脑缩小为神经元，从而试着重建它。但它将大脑缩小得太过了，一下就把我们从森林边缘推到了中心。这对所有逆向工程来说都是危险的。生物学家将蚁群缩小为蚂蚁，但我们现在已经知道：蚂蚁网络和蚁群都是临界值。将飞行缩小为鸟类的羽毛没有任何作用，但将它缩小为翼展却很有用。与蚂蚁和神经元一样，缩小到羽毛就有点太过了。

不幸的是，科学家们过度简化了神经元的功能，仅将它当成触发和关闭的可预见转换装置。如果它确实是这样的，那就方便多了。但神经元只有在工作时才会符合逻辑。和预测功能相比，它们更容易犯错。要记住的是，神经元在90%的时间内都在错误地放电，但人工智能却普遍忽略了这个事实。人们无法通过一个容易犯错的神经元来创建人工智能，因此该领域只能假设神经元是可以预测的。

将注意力集中在单个神经元上，就会忽略在神经网络中所发生的真实情况。神经元会犯错，但网络却很稳定。单个神经元的不完善导致了网络整体的可塑性和适应性。我们无法通过创建一堆开关来复制智慧。相反，我们必须将注意力放在网络上。

对于晶体管和电脑芯片来说，神经元是很好的模拟对象，但它们却不是创造智力的好材料。神经网络是基础。"大脑之门"技术之所以有效的原因是：该芯片并不是连接到单个神经元，而是连接到神经元网。读取单个神经元的信号没有任何作用，它无法让安装了"大脑之门"芯片的患者移动机械手臂或电脑光标。科学家们永远无法对神经元进行逆向工程，但却可以利用它们来解释该网络的通信。

这就是互联网（而不是电脑）更可能拥有智能的原因。由晶体管组成的电脑是完美的计算器，它们很像大脑中的神经元。互联网具有大脑中所有古怪的特性：它可以并行工作，可以进行长距离的通信，它也会犯错。互联网还处于发展的初级阶段，但它却能利用大自然赋予我们的大脑来运行。人类花了数百万年的时间才获得智慧，互联网也许只需要 100 年即可。计算机网络和神经网络的融合是为人造机器创造真正智能的关键。

奇点来临：见证机器获得人类智慧的时刻

20 世纪 50 年代，普林斯顿大学的数学物理教授约翰·冯·诺依曼（John von Neumann）创造了"奇点"（singularity）这个术语，来表示机器获得人类智慧的时间。这是一个很吸引人的概念，那时我们将实现真正的人工智能。"奇点"的观点已经被麻省理工学院的著名发明家、《奇点临近》(*The Singularity Is New*) 的作者雷·库兹维尔（Ray Kurzweil）所证实，他认为奇点将在 2045 年出现。

自然界中并不会出现奇点。进化是一个缓慢而费力的过程。我们的智力经过了数百万年才进化而成。通常情况下，我们甚至不会注意到进化的发生：在2万年后，我们才意识到我们的大脑在缩小。如果奇点存在，那么这种认为"我们能够意识到它们的出现"的想法也太天真了。我们不会忽略那些一夜之间改变了历史并创造出智能机器的事件。奇点一直在演变，而且科学家（多诺霍和丹尼特）和我们创新者的费茨以及伯格认为它会继续演变下去。冯·诺依曼深知这一点，他甚至指出，奇点是某件事很快会发生的标志。

在一定程度上，我们已经到达了奇点：机器人、电脑和互联网都显示出了智慧，而且我们已经使用"大脑之门"，将思维和机器融合在了一起——神经元可以为电脑提供智能。当我们可以让人们用电脑思考时，谁还需要能思考的电脑？我们在这方面已经达到了冯·诺依曼所说的"奇点"。

从另一个方面来说，我们永远也无法达到奇点。在创造智能机器的过程中，我们一直在改变规则。20世纪60年代，我们认为可以打败双陆棋冠军的电脑肯定很聪明。但是当"全胜"以7:1的分数击败了双陆棋的世界冠军路易基·维拉（Luigi Villa）时，我们决定重新考虑我们的定义。经过事后推断，我们认为双陆棋比较简单，它只是进行简单计算的游戏。于是，我们改变了规则，开始将注意力集中在具有

"奇点"是用来表示机器获得人类智慧的时间。这是一个很吸引人的概念，那时我们将实现真正的人工智能。"奇点"的观点已经被麻省理工学院的著名发明家、《奇点临近》的作者雷·库兹维尔所证实，他认为奇点将在2045年出现。

断点：互联网进化启示录
Breakpoint:
Why the Web Will Implode, Search Will Be Obsolete, and Everything Else You Need to Know About Technology Is in Your Brain

复杂规则和战略的游戏上。双陆棋很简单，但象棋则不然。不过，当 IBM 的"深蓝"在 1997 年击败了象棋卫冕冠军加里·卡斯帕罗夫（Gary Kasparov）时，我们再次改变了规则。智能不再是可以进行复杂的计算和制定合理的决策。也许当电脑能够回答人类的知识型问题时，它们就真正具有智慧了。但是 2011 年，当 IBM 的"沃森"电脑在《挑战自我》节目上战胜了人类时，我们再次修改了这一理论。

我们对大自然也做了相同的事情。过去人们认为，将我们和其他动物区分开的是我们使用工具的能力，但我们看到了使用工具的灵长类动物和乌鸦。因此，我们改变了我们的想法，并表明，让我们拥有智慧的是我们使用语言的能力。然后生物学家就教会了黑猩猩如何使用手语，我们又确定智慧和语言无关。接着，我们认为是自我意识和认识的原因，但实验很快就证明海豚也有自我意识。

我们因为动物的智力和人工智能一直在改变规则。我们在沙滩上画了一条线，当我们到达那条线时就把它擦掉，并在更远的地方重画一条线。导致人工智能出现的事件在数百年前就已经出现了，但目前还没有出现能形成"奇点在这里"这一标题的大事件。我们已经达到了某个奇点，还是永远都无法达到一个奇点？虽然我们还未得出必然的结论，但有一个事实不容置疑：人工智能确实存在，而且它会继续发展。

推论、白蚁和灭绝：

网络革命才刚刚开始

　　网络不仅对我们的成功非常重要，而且对我们的智力也很重要。印刷机、工业革命和数字化革命让人类网络变得更加高效和更加智能。网络革命正在彻底地改变着我们。互联网不仅让我们的联系更加紧密，还让我们之间的竞争环境变得更加公平。未来只会受到人类对技术和生物网络的想象力的限制。

| 革命性的仿生建筑：东门大厦

1994 年，5 名生物学家在巴西博图卡图发现了 3 个巨大的、完全成熟的切叶蚁蚁巢。和所有优秀的科学家一样，他们开始着手研究这些蚁巢。他们在其中的一个蚁巢中灌入了一吨混凝土，等到它变硬后就开始进行挖掘。

当完全挖开时，出现在眼前的蚁巢令人叹为观止。这真是现代工程的奇迹：蚁巢表面积接近于 67 平方米。蚁巢中最大的地道向下延伸了 70 米，整个结构有摩天楼那么高、有城市街区那么宽。蚂蚁们总计运送了几十吨土才建成了这个地下迷宫。

整个迷宫包括 7 863 个巢室（向下延伸了 7 米），每个房间都有特殊的用途：有菌圃、育儿室和垃圾场。连接到各个房间的隧道系统就像是高速公路系统，有入口匝道、出口匝道和区内通路。蚁巢看起来就像是由建筑师设计的。

切叶蚁建造的蚁巢被认为是整个动物界最复杂的巢穴。很多情况下，它们会直接将巢室挖掘到地下水位附近，以保证水合作用的自然资源。蚁巢中有几百个通风口。蚁巢中的热空气和二氧化碳会通过土堆中心的开口流出，而外部空气可以通过蚁巢边缘的洞流入。这样，凉爽的新鲜空气就会在蚁巢中不断地循环。蚂蚁利用风速和热对流的原理来调节气体交换，这种先进的空调系统给蚂蚁带来的好处不只是舒适。

很多人都目睹过蚂蚁搬运巨大的物体，而且那些住在中美洲、南美洲和美国南部的人经常会看到蚂蚁搬运树叶。它们好像在举着小小的树叶雨伞，因此得克萨斯州和路易斯安那州的居民将它们称为"阳伞蚁"。当人们得知切叶蚁不食用它们辛苦运送回蚁巢的树叶时，大多数人都会感到很惊讶。

相反，切叶蚁会食用它们自己培育、施肥并收获的真菌。真菌在叶子上能得到很好的生长，因此树叶才被切割并运送到蚁巢中。真菌生长还需要精确的温度和湿度，因此蚂蚁会根据真菌是否需要更多的湿度或冷空气，来决定是否要将用于空气循环的洞堵上。如果需要巨大的变化，蚂蚁就会将整个真菌作物运输到蚁巢中更适宜的巢室。

虽然其他蚂蚁也很努力，但切叶蚁的不同之处在于它们对此更为熟练。更小、更年轻的蚁群会在下雨时堵住蚁巢的入口来防止发生水灾，这会导致二氧化碳含量增高以及次优真菌的生长。较大、较成熟的蚁群（已经通过断点阶段的蚁群）则会解决这个问题。大量的蚁巢口和较深的巢室能在不被水淹的情况下，允许二氧化碳气体排出。

成熟的非洲白蚁蚁群也是如此。它们会建造蚁丘（1.8米～3米的土丘），而且还会在里面建造菌圃。和切叶蚁相同，白蚁的真菌也很敏感，而且只能在很窄的温度范围内生存。而且非洲一些地区的温度会产生大幅度的变化：白天是40℃，晚上则会下降到1.7℃。因此，白蚁会不停地打开和关闭现有的通风口，挖掘新通风口并堵塞旧通风口。

和其他蚂蚁一样，白蚁并不聪明。一只白蚁无法产生建造蚁丘的想法，但白蚁蚁群（和蚁群相同）则完全相反。一旦白蚁蚁群达到断点（2 800 种白蚁的断点各不相同），该蚁群就会拥有智慧。

幸运的是，人脑足以复制蚁丘的结构。长期着迷于白蚁蚁群的津巴布韦建筑师米克·皮尔斯（Mick Pearce）在哈拉雷设计了被称为"东门大厦"（Eastgate Centre）的仿生建筑。该建筑是哈拉雷最大的商业办公大厦，虽然非洲非常热，但东门大厦里面并没有任何传统的空调设备。相反，它使用的是白蚁和切叶蚁一直采用的通风系统。热空气会通过高高的烟囱排出，而凉爽的空气则由大型开放空间吸入（用于收集自然风的重要位置）。和该地区同等规模的建筑相比，东门大厦只需要消耗10%的能量。该仿生建筑被誉为革命性的建筑，而皮尔斯也因此获得了众多奖项。

皮尔斯的成就是惊人的，而他受到的荣誉也当之无愧。我们应该给予模仿者和被模仿者相同的待遇。认可人类的天赋要比承认白蚁或蚂蚁的智慧简单得多。显然，我们存有偏见。这也许并不是因为我们以种族为中心，而是因为我们没有认识到"网络"的全面影响。这包括我们存在的所有"网络"：家庭、学校、城市和整个地球上庞大的智人"网络"。

皮尔斯并不是一个人建造了东门大厦，我这样说并不只是因为参与的包括很多设计师、工程师和建筑工人。皮尔斯从出生起就受益于人类的集体智慧和经验。如果皮尔斯的母亲服用产前维他命或接受其他产前医学护理，那么他在子宫中就已经开始受益于人类网络。他孩提时的第一个建筑也许是用积木建造的，随着时间的推移，玩具制造商已经大大改善了其娱乐性和安全性。他在学校里学习数学、地质学和物理，如果没有前辈和同代人的努力，即使最聪明的教授也无法理解这些学科。

所有这些知识都是无法遗传的。皮尔斯的 DNA 中包含关于很多事情的命令：呼吸、进食和发声。从理论上来说，皮尔斯在没有其他人的指导下也能做这些事情。我们的 DNA 中还包含让我们进行计算、存储记忆和学习新事物的代码。但即使是从遗传中获得最高智力的人类，如果出生在荒岛上并生存了下来，也只会保持原始状态。

| 人类通过网络超越了自我思维

我们出生在富有的、健康的网络中，这些网络让我们变得比生物学意义上更聪明、更高效和更有才能。这个概念被称为"涌现"——复杂的系统是从简单的部件中出现的。尼古拉斯·克里斯塔吉斯（Nicholas Christakis）和詹姆斯·福勒（James Fowler）在《大连接：社会网络是如何形成的以及对人类现实行为的影响》（Connected: The Surprising Power of

正如麦特·瑞德里所指出的那样："我们有能力去做我们完全不了解的事情……我们已经完全超越了人类的思维能力。"我们用网络（而不是技术）超越了我们的思维。

Our Social Networks and How They Shape Our Lives）一书中做出了这样的解释："'涌现'一词可以通过类比的方法来理解。蛋糕的味道，是制作蛋糕的任何一种原料都没有的。蛋糕的味道，也不是配料味道的平均值，如介于面粉味道和鸡蛋味道之间的一种味道。它的味道远不止这些。蛋糕的味道超过了所有原来味道的简单相加。同样，弄清楚社交网络是怎么一回事，我们就能真正理解，对人类而言，总体是如何大于部分总和的。"

诺贝尔经济学奖获得者伦纳德·里德在他最著名的文章《我，铅笔》（*I, Pencil*）中指出，即使是最简单的应急系统也已经变得非常复杂。里德说明了铅笔这类简单物品的制作也非常困难。人类每年要制造几十亿支铅笔，但没有人知道自己要如何制作它。只有少数人知道如何将荷属东印度群岛的菜籽油与硫氯化物和硫化镉结合起来制成粉色的橡皮擦。有一些人将石油转化为光滑的漆皮所需要的石蜡。还有一些人知道如何制作系纸袋的细线，以便能将在斯里兰卡（锡兰）开采出的石墨顺利装船。制作铅笔需要的材料还有很多。即使是制造铅笔这样简单的物品，也需要一个巨大的网络。正如麦特·瑞德里（Matt Ridley）所指出的那样："我们有能力去做我们完全不了解的事情……我们已经完全超越了人类的思维能力。"我们用网络（而不是技术）超越了我们的思维。

对所有高度群居的物种来说都是如此。蚂蚁进化成功的秘诀和我们相同，也是因为网络。蚂蚁的种类繁多，但正如生物学家伯特·荷尔多布勒（Bert Holldoble）所解释的那样，它们之间的共同点是：它们都生活在群体中，它们都是群居昆虫。没有一种蚂蚁是独居生活的。从独居生活到群居生活的进化过渡只发生在 3% ~ 5% 的物种中，其中包括人类自身。但是这些物种在几乎所有的栖息地中都占据着支配地位。和人类一样，蚂蚁的社交网络允许它们具有涌现性质并独占风光。

通过交流和协作，蚂蚁可以完成其他动物（甚至是更聪明的动物）无法完成的事情。2012 年 5 月，《探索新闻》（Discovering News）发表了一篇题为"人类社会类似于蚁群"的文章。这篇文章概述了史密斯学会研究员马克·莫菲特（Mark Moffett）的观点："虽然我们的 DNA 与黑猩猩的极其类似，但所有黑猩猩群体都无法解决公共卫生、基础设施、商品和服务的分配、市场经济、公共交通、装配线和复杂的团队合作、农业和动物驯养、战争和奴役问题，"他还补充道，"蚂蚁已经发展出能够解决这些问题的能力了。"

| 网络革命促进民主化进程

这个世界非常危险。所有存在于地球上的物种中，99.9% 都已经灭绝。但对于最具网络化的动物来说，它们的成功率要高得多。自然界已知的群居动物基本上仍然存在——蚂蚁、白蚁、蜜蜂、黄蜂和人类。但即使这样，它们的生存仍然很艰难。但90%以上的收获蚁蚁群在第一年就会失败。

　　网络不仅对我们的成功非常重要，而且对我们的智力也很重要。达到断点后的网络要比该网络中的个体聪明得多。对人类和其他种群来说都是如此，对技术网络来说也是如此。毕竟技术网络（互联网、万维网和Facebook）都只是进一步连接人类网络的工具。

　　重要的是，达到断点后的社交网络，在短期（"网络"的生命）和长期（物种的生存）都能取得巨大的成功。这还可以延伸到组成"网络"的个体，在"网络"外生存的群居动物很快就会死亡。想象一下没有其他蚂蚁或者人类支持的幼蚁或婴儿，它们都无法生存下去。离开"网络"的群居动物无法生存。但另一方面，蝗虫、蛇和小猫却能很好地生存下去。

　　当群居动物的网络过大时，它们也无法生存。加州大学洛杉矶分校的科学家贾雷德·戴蒙德（Jared Diamond）认为，从农业革命的人口激增开始，我们就逐渐脱离了群居"网络"。他将这种现象称为"人类历史上最严重的错误"。我们脱离了平等的原始狩猎社会，即我们生存和发展了几万年的社会。当然，农业让我们的人口激增（可能会超过我们的承载能力）。农业提供了大规模的粮食生产，这样只需要少数农民就可以养活很多人，还能让城市得以建设。后来，人们开始接触更多的人——原始狩猎部落逐渐增长到150多人。可以说我们从根本上改变了网络的结构：从民主、蚁状的"群体"转变为更加复杂的等级系统。

印刷机、工业革命和数字化革命让人类网络变得更加高效和更加智能。网络革命正在彻底地改变着我们。由于我们能够获得全世界的信息，因此无论是从集体还是从个体来说，我们都会变得更聪明——由于搜索功能得到了改善，我们可以以前所未有的速度访问这些信息。互联网所带来的改变则更加重要。

互联网不仅让我们的联系更加紧密，还让我们之间的竞争环境变得更加公平。例如，10年前的独裁者更容易不遵守承诺，而且当时也没有有效的解决方法。但近几年我们已经看到，分析家、普通的网络和社交网站根据其本身的性质，利用社交媒体网络来促进民主，并对试图掩盖真相的独裁者提出挑战。

> 网络的民主化正在扭转农业带来的等级制度，并将我们带回曾经让人类繁荣发展的紧密网络中。

断点：互联网进化启示录

Breakpoint :
Why the Web Will Implode,
Search Will Be Obsolete,
and Everything Else You
Need to Know About
Technology Is in Your Brain

人类网络已经变得更具深度和广度，而该网络本身比所有独裁者都强大。从某种意义上来说，网络的民主化正在扭转农业带来的等级制度，并将我们带回曾经让人类繁荣发展的紧密网络中。

| 网络的未来

当然，网络必须在实现真正的价值前就通过断点并达到平衡。正如大脑在达到断点并削减了神经元和链接后才变得聪明，连接我们大脑的网络也必须要成熟。对于技术网络来说，这就意味着要不惜一切代价求增长并避免过早盈利，但它同时意味着一旦达到断点，就要改变方式。

　　不管是对于必须要满足股东的企业还是整个人类来说，耐心都会带来好的结果。成熟、功能完备的网络是一个更加紧密的世界，其性能远远超过我们能力的总和。

　　网络革命已经永远改变了这个世界，而这还只是开始。即将到来的是更加精彩的事情。技术将为人类创造已经习以为常的事情：意识、智慧和情感。未来只会受到人类对技术和生物网络的想象力的限制。

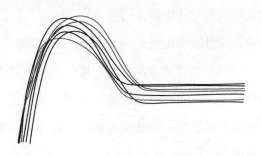

后记

让互联网成为真正的大脑

　　我们生活在一个史诗般的时代，这个时代中的机器每天都会变得更加智能。我们正在接近这样的时代：互联网上的所有信息都被挤压成类似于大脑的纸模型——模式将在这里建立，多个设计草案将在这里存在和灭亡。最终的结果将是智能的出现。

互联网不受控制，自身永远存在，而且具有集体意识。它更像是观看棒球比赛的人群，而不是棒球场本身。

在本书中，我们将互联网与大脑进行类比，因为两者都是复杂的网络。但它们还有更重要的相似性，我认为互联网不只是像大脑，它就是大脑。虽然这些想法与断点无关，但它们对充分理解互联网的概念十分重要，尤其是当它涉及人工智能时更是如此。

重要的问题是：互联网本身的执行更像是大脑还是它执行大脑的功能——正如助听器执行内耳的功能，隐形眼镜执行角膜的功能，或者人造心脏执行生物肌肉的功能？

电脑通常不能和大脑类比。虽然半导体会像神经元那样接通和断开，玻璃光纤像突触和轴突那样传送消息，但两者之间就只有这些相似性。电脑和大脑几乎没有相似性，就好像人造心脏和真正的心脏没有任何相似的地方一样。

但互联网和人类以前创造的所有东西都不同。我们以前的发明（蒸汽机动车、电视机和汽车）都是无生命的。棋盘和棒球场只有在比赛时才能短暂地大放光彩，而在比赛结束后就会黯然失色。但互联网则不同。它不受控制，自身永远存在，而且具有集体意识。它更像是观看棒球比赛的人群，而不是棒球场本身。

当然，所有整体大于其部分之和的创新都是奇迹。亚历山大·格拉汉姆·贝尔将两个小圆筒连接到两根金属线圈上，最终创造出整体大于部分之和的东西——声音。但是电话本身无法复制和改进，它只会处理、调整并传送这些信息。它会记住一些东西，也会忘记一些东西，并不断地循环，还会以多种方式、在各个方向进行旋转。

| 大脑的智慧来源：信息的物理连接方式

如果没有充分理解大脑是什么，那么"互联网是大脑"这个说法听起来就十分荒谬。互联网并不是 2.7 斤重的一团黏糊糊的灰质——大多数人对大脑的想象。实际上，大脑并不是这样的。大脑中 60% 的成分是白质（连接神经元的组织），剩余的才是我们通常认为的灰质。灰质中包含所有重要的神经元，但连接也同样重要。

我们只熟悉大脑的沟壑和左右半球，如果把它们去除，那么大多数人都会认不出大脑。大脑非常柔软，几乎是胶状的、乳白色的，上面有着枣红色的叶脉。大脑只有在死亡后，没有了血液并经过处理后，才会呈现出僵硬的、灰色的外观。这种视觉差别非常重要，因为它以血流的方式告诉我们，活着的大脑正在消耗大量能量。

但这种描述也具有误导性。按照大脑的实际功能来看，它更像是一张纸。这张纸代表着大脑的最外层——大脑皮层。思维的奇迹就在这里产生。想象一下这张纸：很薄，长方形的，刚开始时几乎是空白的。纸上是在大脑形成过程中汇聚的信息，就像是在纸上印压出的布莱叶盲文。这些就是神经元，它们用于帮助存储和处理信息。

大脑的智慧并不是来源于信息元素，而是来源于信息的物理连接方式。设想一下：将这张纸揉成球状。最初在这张纸两端各有一个点，它们之间相距较远。但是当你揉搓这张纸时，这两个点的距离就会拉近。如果你反复揉搓它，那么每个点和其他点的距离都会变得很接近。我们的大脑就是以这种方式折叠到头骨中，而且它们独特的力量就来源于连接不同的信息来快速交流和进行跨学科学习的能力。

从计算机工业来说，人脑是一台复杂的并行处理机。串行计算方式中事情是接续发生的，与此不同的是，并行计算中的事情是同时发生的。神经科学家将它称为"分布式计算"，即因为大脑的功能是分散的，所以事情能够同时发生（我认为"分布式计算"要比"并行计算"准确，因为提出并行计算时，我们的闹钟就会呈现出两条平行线，就像铁路轨道一样。而分布式计算则不受约束，可以更准确地描述大脑的实际工作方式）

神经元是由细胞体、轴突和树突组成的。我们可以将细胞体想象成神经元的中心或信息交换中心。轴突是传送者，负责将信息从一个神经元传送到另一个神经元。树突负责接收来自其他神经元的信息。神经元之间通过电化学过程来进行交流。这些紧凑的神经元在一个分布式网络中共同工作，从而形成让我们执行任务的模式，如行走、说话、记住某人的名字和阅读本书。

大脑的智慧并不是来源于信息元素，而是来源于信息的物理连接方式。

| 思维机器的出现不再是梦想

大脑只是一个普通的器官这个事实，对创造人工大脑这个想法而言是一件好事。它让我们预测到实现智能网络的可能性。我们总是认为大脑是在圣杯中的神圣器官，但对很多哲学家、科学家和互联网巨头来说，机械化思维的想法已经不是问题："为什么不呢？"

"思维机器"这个想法对思想家和科学家产生了巨大的影响。这其中包括神经科学家（能够运用精湛的技术和先进的设备解剖大脑）、心理学家（了解源于大脑的行为）、语言学家（认识到思维如何转变成我们称为词汇的符号）、进化论科学家（正在开发一个称为基因工程的新领域）、计算机科学家（创造出模拟思维的机器和算法）和人工智能科学家（专注于让机器拥有真正的思维）。

> 在脑科学和技术这个新兴世界中，所有的观点最终都集中为——思维机器的出现是必然的。而且这种新发现的智慧将对我们的生活产生深远的影响。

断点：互联网进化启示录
Breakpoint :
Why the Web Will Implode,
Search Will Be Obsolete,
and Everything Else You
Need to Know About
Technology Is in Your Brain

但即使是这些出色的思想家，也没有就如何创建人工智能达成共识。塔夫斯大学的哲学家丹·丹尼特在《意识的解释》（*Consciousness Explained*）一书中指出："包括我在内的所有人都无法把所有的问题说清楚，每个人都得对某个问题的大部分内容进行思索、猜测。"尽管有很多种说法和各种不同的意见，但我们发现，在脑科学和技术这个新兴世界中，所有的观点最终都集中为——思维机器的出现是必然的。而

断点：互联网进化启示录

且这种新发现的智慧将对我们的生活产生深远的影响。

互联网将不同种族的人集合起来。其原因是互联网和大脑的结构非常相似，它们都是巨大的存储、计算和通信系统。互联网比大脑还小、还笨拙（神经元和计算机的比较并不是简单的大小和重量的对比），但是它们的基本结构大致相同。大脑具有神经元和记忆（通过轴突和树突相连接），而互联网具有计算机和网站（通过电缆和超链接相连接）。

当然，看起来相像的食物也可能没有联系。电话网的交换系统看起来就像是神经网络，但其实并非如此。但互联网和大脑极具可比性。

要记住的是，互联网实际上是两项发明结合的产物。第一项发明是电话，它允许使用电子手段传送信息。电话出现后，无论多远的距离，多么复杂的地形，人们都可以即时进行交流。虽然我们已经习惯了这项发明，但它在驿马快递的年代是无法想象的。

另一项发明是电脑，它可以处理并存储大量的信息。在电脑出现之前，我们先使用计算工具来处理信息，然后将结果写在纸上。在电脑出现之前，几乎无法完成复杂的计算。如果我们需要存储具有价值的或大量的信息（例如，一本书的手稿），最好的选择就是将它放在床垫下或储藏室。

电话和电脑都解决了巨大的问题。但两者的结合和互联网的创建给我们带来了革命性的机遇。现代的互联网只是用一根电话线将一组计算机连接在一起，但这种看似简单、实则强大的结合让我们能够存储、处理和传送信息。

互联网的强大之处在于，当你坐在家里，在谷歌上搜索"素食主义者坚果巧克力食谱"时，数亿台电脑就会连接起来、共享信息并为你工作。和大脑中的神经元一样，互联网也并行处理着上百万台电脑的信息。

人脑大约有 1 000 亿个神经元。再过 20 年左右，连接到互联网上的电脑数量就会达到这个数字。到时互联网的复杂程度就会接近于大脑。试想一下，人脑经过几十万年的进化才达到现在的复杂程度，而互联网在经过几代后就可以接近这个水平。我们将在网络空间经历一次生物增长的复制过程，就好像它是一个活着的大脑一样。更确切地说，我们不仅要复制大脑本身，还要复制它的副产品：思维。

| 让类人思维成为可能

直到我们知道"人类思维有什么特点"这个问题的答案后，我们才能创造出智慧。芝加哥大学的教授霍华德·马戈利斯（Howard Margolis）说："这是一个反复思考的过程，然后我们要不断地进行概括总结，在这个阶段再现我们的思维过程。"也就是说，人脑进行着一系列迂回渐进的思维活动。大脑被连接到并行状态，这允许我们的思维进行递归。

因此，人脑是一台糟糕的计算机。要像人脑一样进行思人造大脑要想类似于人脑，就必须具有相同的循环和迭代过程。类人思维既不是来自更加强大的电脑，也不是建立在人工智能上，而是来自模拟了人类思维弱点的"网络"方法。

考，计算机需要开始集中注意力搜索一个项目，接着注意力就会有点分散，之后就会发现自己茫然地盯着窗外，然后思绪就会飘到一个温暖的幻想中（阳光明媚、绿草如茵），再然后又会被硬生生地拽回到现实中："不要忘记买狗粮。"这就是人类的思维方式。即使是逻辑思维（火箭科学家或麦肯锡咨询师所拥有的）也更像是一只在进行杂耍的海豚，而不是直接瞄准猎物的鲨鱼。我们也无法阻止这个过程。这就是大脑的工作方式。

普利策奖得主、脑科学家道格拉斯·霍夫施塔特（Douglas Hofstadter）在《我是一个怪圈》（*I Am a Strange Loop*）一书中描述了这个过程。他认为意识是无限循环的，其中大脑会利用环境和其他大脑反馈的信息，不断以自我重复的方式来对意识进行编辑。也就是说，在内在意识出现之前，思想会从大脑到嘴巴、从嘴巴到耳朵、从耳朵再到大脑，一圈一圈地进行循环。

无独有偶，这也是我们学习的方式。丹尼特说："人类不仅利用我们的可塑性来学习，还利用它学习如何才能更好地学习。"在某件事情变得越来越好之前，我们会不断地重复它。这就是马尔科姆·格拉德威尔（Malcolm Gladwell）在《异类》（*Outliers*）一书中的主要观点，他认为人类最大的成就并非来自天赋，而是来自反复的实践。

人造大脑要想类似于人脑，就必须具有相同的循环和迭代过程。类人思维既不是来自更加强大的电脑，也不是建立在人工智能上，而是来自模拟了人类思维弱点的"网络"方法。也就是说，我们需要创造这样一台机器：停止计算，而且要时不时凝视窗外。我们需要的并不是超级计算机。

如果我们能制造出一台可以进行推测、摸索、四舍五入而且不善于计算的机器，那么它就更接近于人类思维的复制。我们还需要递归的机器：它能够不断进行自我编辑、几乎不做修改、测试出可能的答案并丢弃没用的想法。最重要的是，我们需要一台能从复制过程中学习的机器：和完全正确相比，它更愿意犯点小错误。也就是说，我们需要一台可以进行预测的机器。

| 记忆与预测并存的大脑

大脑是一台速度慢、效率低的机器。沿着轴突到大脑皮层的传送速度为每秒 1 米 ~ 30 米，而沿着树突的传送速度为每秒 1/3 米。而光的速度为每秒 3 亿米。因此，与电脑或光缆的传输速度相比，大脑是非常缓慢的。除此之外，神经元每千分之二秒才会进行一次电刺激。而电脑做相同事情的速度要快 100 万倍。神经元每秒会放电 100 次（从技术上来说，它们每秒钟可以达到几百个脉冲，但之后就会因为筋疲力尽大脑无需重新进行任何思考。它已经预测了自己的反应。记忆会为我们提供良好的服务，而情感则在预测中起着非常重要的作用。

而撤退）。这甚至都比不上智能手机中的晶体管。

虽然大脑的处理速度很慢，但人类必须试着预测将要发生的事情。通过对正确的猜测进行奖励，大脑本身就会帮助我们更好地进行预测。这些奖励是产生一点点多巴胺（如果产生的数量太多，就会出现像吸毒那样的感觉），这些多巴胺是由分布在大脑中的 50 万个多巴胺神经元产生的。这种奖励过程会让我们出现聪明的思维。

假设你面前有一块巧克力。你的大脑会根据过去的经验，预测出这块巧克力非常可口，然后你就会抓起这块巧克力并把它放到嘴里。久而久之，大脑就会产生其他的连接；这样，即使是"歌帝梵"（Godiva）这个词也会产生类似的生物反应。

其他情感负荷概念的结果也是如此，如言论自由、高税收、母亲或苹果派。在很多情况下，大脑的反应都根据过去的经验进行了预先配置：这种模式是预先设定的，因为大脑已经估算了这个概念的价值。因此，大脑无需重新进行任何思考。它已经预测了自己的反应。

人类每时每刻都在使用预测。当你把咖啡杯的手把从左侧旋转到右侧时，你并不会重新检查这杯咖啡。你不需要从头开始，因为从过去的经验可以知道，这杯咖啡没有发生任何改变。只有手把的位置发生了变化。类似地，当我们早上迈出大门时，大脑就知道接下来会发生什么。记忆会为我们提供良好的服务，模式就在那里。如果你早上迈出大门后发现人行道上有一具尸体，你就会注意到它。但是你不会检查前院的橡树，就好像它不存在一样。

　　真正有趣的是，柏拉图在他的形式理论中提出，树、花和所有完美的事物都只存在于天堂。几个世纪以来，哲学家一直在探讨其含义。但现在，脑科学提供了一些新的启示：我们的大脑持有对于事物的完美陈述（记忆模式），它可以被有效地调用。大脑只与该原型模型进行了快速的比较，并指出了新的内容。这些记忆模式允许预测，我们将会优先看到预测。正如史蒂芬·平克所说："可能行为的内部模拟和它们的预测结果。"

　　预测并不只是进行推理和预测的大脑区域的工作。很多预测是由杏仁核（形似杏仁的神经细胞核团，位于边缘系统圈的底部、脑干的上端）所驱动的。杏仁核与理性无关，而是与激情和情感有关。研究发现：情感在预测中起着非常重要的作用。实际上，在紧急时刻，杏仁核通常会在理性思考的大脑皮质作出决定前，就开始行动。

　　假设你在路上看到一条响尾蛇，视觉信号瞬间就会从视网膜传递到视觉皮层，对这个盘绕着的物体产生第一印象。然后它会将该信息传送给大脑皮层进行分析并传送给海马体进行记忆。这一系列过程都非常简单。但研究人员最近发现，一部分信号走向完全不同的方向。这就是并行处理的一个非常好的示例。信息还会直接从视觉皮层传递到非常情绪化的杏仁核中。杏仁核可以保存记忆，这些记忆让我们可以在不"知道"原因的情况下就作出反应。我们不会等待对这个在地上滑行的物体的分析，而是会跳起来。

　　心理学家丹尼尔·戈尔曼在《情商：为什么情商比智商

和电脑相比，互联网正处于通过直觉来获得大脑洞察力的初级阶段。互联网要成为真正的大脑，还需要将计算、通信、预测能力和情感结合起来。

更重要》（*Emotional Intelligence*）一书中这样说道："海马体保存的是枯燥的事实，而杏仁核存储的则是伴随着这些事实的情绪——这意味着大脑有两套记忆系统，一套用于记忆普通事实，而另一套用于记忆由情感控制的事实。正如人们脑子里总是不断地冒出一些想法来，情绪也是时刻都存在的。"尤其有趣的是，和大脑的其他部分不同，杏仁核在我们出生时就完全形成了。因为它对我们的生存如此重要，所以它被赋予了优先生长权。

我们的大脑比我们想象的更加分散。我们的大脑看到的是模式，而不是信息的单个像素；它还能根据预先存储的知识进行预测；还具有直觉和洞察力。好消息是，随着时间的推移，它会变得越来越好。虽然我们的大脑中的神经元死亡了，但我们的智慧却提高了。

| 让互联网成为真正的大脑已为时不远

大脑可以通过直觉来得出答案，这是多么强大的电脑都无法做到的。和电脑相比，互联网正处于通过直觉来获得大脑洞察力的初级阶段。有几家公司正在开发在线软件，这些软件借助大脑来创造我们所谓的人类意识。脑科学家道格·莱纳特（Doug Lenat）在过去的 20 年里一直在研究一种被称为

CYC 的智能系统。当询问莱纳特 CYC 将来是否会有意识时，他作出了大胆的回答："我认为它现在已经具有意识了。"

互联网要成为真正的大脑，还需要将计算、通信、预测能力和情感结合起来。当这些功能在大脑中随意地并行执行时，类人智能就会遍布整个互联网。正如谷歌的董事长埃里克·施密特在很多年前所强调的那样："当网络变得像处理器那样快时，电脑就会遍布全网络。"

互联网上的某些系统将会达到最聪明的动物（包括人类）才具有的意识水平。虽然道格·莱纳特很乐观，但我们还没有达到这种程度。然而，我们已经很接近了。互联网的计算和记忆能力比人类的还要好。互联网的通信能力也非常先进；它在很多方面已经接近人类水平的 80%。互联网的预测能力也在随着时间而增强，虽然它们只达到人类思维的 30%。随着科学家和企业家在这些元素上的继续努力，我们会更接近于智力的灰色地带，而互联网最终会具有足以产生智慧和意识的灰质。

到目前为止，最薄弱的部分就是情感——将不同的信息整合成一种连贯模式的能力。但即使是在这个方面，我们也已经取得了很大的进步。《科学》杂志在 2012 年介绍了一种全新的大脑模型：Spaun（Semantic Pointer Architecture Unified Network，语义指针架构统一网络）。该神经网络可以通过复制人脑的情感来模拟行为、识别语法并确定模式。Spaun 只用 250 万个神经元就实现了这一点。虽然它还比不上人脑，但 Spaun 可以预测智力测试问题的答案，如补充"2，4，8，16，32，_"模式。Spaun 识别图形的准确率达到 94%，而人类的准确率达到了 98%。虽然没有达到 100% 的准确性，但这正是重点所在——Spaun 复制的是不完美的大脑。

Spaun 的方法有点异想天开：科学家们没有使用标准的电脑软件来告诉它如何计算，而是创建了模仿人类行为的神经元。正如研究小组的负责人克里斯·伊莱史密斯博士（Dr. Chris Elismith）所说："该模式正在试着解决认知的灵活性问题。我们如何在任务之间进行切换？我们如何使用大脑中相同的部分来完成不同的任务？"他还说最令人惊讶的是 Spaun 的错误（而不是其成就）。为 Spaun 寻找解决方法的过程是相当随意的——它用的也是无限循环，会犯和人脑同样的错误。它接受所有可用的信息并抛弃那些它认为无关的信息，最终得出那些虽然偶尔会出错但通常都是正确的答案。

《纽约时报》报道称："计算机科学家和很多创业公司都正在寻找新方法，从组成万维网的几十亿个文件和将它们编织在一起的链接中挖掘人类智慧。"我们生活在一个史诗般的时代，这个时代中的机器每天都会变得更加智能。我们正在接近这样的时代：互联网上的所有信息都被挤压成类似于大脑的纸模型——模式将在这里建立，多个草稿将在这里存在和灭亡。最终的结果将是智能的出现。

译者后记

　　本书以美国海岸警卫队在 1944 年将 29 头驯鹿带到圣马太岛开始。到了 1963 年，驯鹿增长到了 6 000 头。但到 1965 年，就只剩下 42 头了。紧接着，杰夫·斯蒂贝尔给我们介绍了黛博拉·戈登和她对亚利桑那沙漠中蚁群的研究。蚂蚁虽然很小，但它们却是地球上最为成功的生物之一——它们已经存在了 1 亿多年。

　　读到这里，你可能会问：这是一本介绍动物的书吗？事实并非如此，本书介绍的是与互联网相关的内容。之所以介绍蚂蚁和驯鹿，是因为互联网也遵循相同的规律，我们从中可以看到：网络增长、达到断点并最终走向崩溃或达到平衡的过程。这样，我们就能了解 MySpace 被 Facebook 超越的原因；为什么雅虎会走向衰落，而谷歌会走向兴盛；现存的应用程序中，还有多少会被人们抛弃并遗忘；下一个将要被取代的是什么？

　　斯蒂贝尔将互联网看成是电话和电脑的"联姻"：电话提供了通信线路，而电脑提供了功率、速度和存储容量。这是一个非常强大的联合。大量的电脑和广泛分布的服务器增加了网络的性能、安全性和灵活性。

　　在未来的几年间，互联网的智力和能力肯定会不断增长。斯蒂贝尔预测其将会遵循"增长、断点和平衡"模式。只要到达断点，爆炸式增长的阶段就会结束。这时，网络就会走向提高质量的方向。

斯蒂贝尔还将互联网比作大脑，这有助于我们充分理解互联网的概念，尤其是人工智能方面的内容。

如果你想了解蚂蚁为什么能存活这么长时间，了解互联网的历史和其未来的发展走向，一定要阅读这本书。

感谢中国人民大学出版社能将这本书交由我翻译；感谢编辑老师白桂珍和田碧霄，谢谢她们对我的帮助和宽容；感谢在本书翻译过程中，为我提供帮助的朋友，他们包括：李静、李青翠、樊瑞春、韩欣、樊旺斌、翟晓锦、赵鹏飞。

虽然已尽最大努力翻译此书，但译文过程中难免有措辞不准之处，欢迎大家批评指正。

师蓉

2014 年 11 月 3 日

北京阅想时代文化发展有限责任公司为中国人民大学出版社有限公司下属的商业新知事业部，致力于经管类优秀出版物（外版书为主）的策划及出版，主要涉及经济管理、金融、投资理财、心理学、成功励志、生活等出版领域，下设"阅想·商业"、"阅想·财富"、"阅想·新知"、"阅想·心理"以及"阅想·生活"等多条产品线。致力于为国内商业人士提供包含最先进、最前沿的管理理念和思想的专业类图书和趋势类图书，同时也为满足商业人士的内心诉求，打造一系列提倡心理和生活健康的心理学图书和生活管理类图书。

阅 阅想·商业

《敏捷性思维：构建快速更迭时代的适应性领导力》（"商业与敏捷性"）

● 世界敏捷项目管理大师吉姆·海史密斯的最新力作。
● 曾成功帮助华为、顺丰速递和中国平安等中国顶级企业进行敏捷转型战略。

《白板式销售：视觉时代的颠覆性演示》（"商业与可视化"系列）

● 解放你的销售团队，让他们不再依赖那些使人昏昏欲睡的PPT。
● 将信息和销售方式转换成强大的视觉图像，吸引客户参与销售全程。
● 提升职业形象，华丽转身，成为客户信赖的资深顾问和意见领袖。

《颠覆传统的101项商业实验》

● 101项来自各领域惊人的科学实验将世界一流的研究与商业完美结合，汇集成当今世上最绝妙的商业理念。
● 彻底颠覆你对商业的看法，挑战你对商业思维极限。
● 教会你如何做才能弥补理论知识与商业实践之间的差距，从而树立正确的商业理念。

《游戏化革命：未来商业模式的驱动力》（"互联网与商业模式"系列）

● 第一本植入游戏化理念、实现APP互动的游戏化商业图书。
● 游戏化与商业的大融合、游戏化驱动未来商业革命的权威之作。
● 作者被公认为"游戏界的天才"，具有很高的知名度。
● 亚马逊五星级图书。

《忠诚度革命：用大数据、游戏化重构企业黏性》（"互联网与商业模式"系列）

- 《纽约时报》《华尔街日报》打造移动互联时代忠诚度模式的第一畅销书。
- 亚马逊商业类图书 TOP100。
- 游戏化机制之父重磅之作。
- 移动互联时代，颠覆企业、员工、客户和合作伙伴关系处理的游戏规则。

《互联网新思维：未来十年的企业变形计》（"互联网与商业模式"系列）

- 《纽约时报》、亚马逊社交媒体类 No.1 畅销书作者最新力作。
- 汉拓科技创始人、国内 Social CRM 创导者叶开鼎力推荐。
- 下一个十年，企业实现互联网时代成功转型的八大法则以及赢得人心的三大变形计。
- 亚马逊五星图书，好评如潮。

《提问的艺术：为什么你该这样问》

- 一本风靡美国、影响无数人的神奇提问书。
- 雄踞亚马逊商业类图书排行榜 TOP100。
- 《一分钟经理人》作者肯·布兰佳和美国前总统克林顿新闻发言人迈克·迈克科瑞鼎力推荐。

《自媒体时代，我们该如何做营销》（"商业与可视化"系列）

- 亚马逊营销类图书排名第 1 位。
- 第一本将营销技巧可视化的图书，被誉为"中小微企业营销圣经"，亚马逊 2008 年年度十大商业畅销书《自媒体时代，我们该如何做营销》可视化版。
- 作者被《华尔街日报》誉为"营销怪杰"；第二作者乔斯琳·华莱士为知名视觉设计师。
- 译者刘锐为锐营销创始人。
- 国内外诸多重磅作家推荐，如丹·罗姆、平克、营销魔术师刘克亚、全国十大营销策划专家何丰源等。

阅 阅想·新知

《大未来: 移动互联时代的十大趋势》

- 第一本全面预测未来十年发展趋势的前瞻性商业图书。
- 涵盖了移动互联网时代的十大趋势及其分析, 具有预测性和极高的商业参考价值, 帮助企业捕捉通往未来的的商机。
- 全球顶级管理咨询公司沙利文公司中国区总经理撰文推荐。
- 中国电子信息产业发展研究院鼎力推荐。

《数据之美: 一本书学会可视化设计》

- 《经济学人》杂志 2013 年年度推荐的三大可视化图书之一。
- 《大数据时代》作者、《经济学人》大数据主编肯尼思·库克耶倾情推荐, 称赞其为"关于数据呈现的思考和方式的颠覆之作"。
- 亚马逊数据和信息可视化类图书排名第 3 位。
- 畅销书《鲜活的数据》作者最新力作及姐妹篇。
- 第一本系统讲述数据可视化过程的的普及图书。

阅 阅想·财富

《金融的狼性: 惊世骗局大揭底》

- 投资者的防骗入门书, 涵盖金融史上最惊世骇俗的诈骗大案, 专业术语清晰易懂, 阅读门槛低。
- 独特视角诠释投资界风云人物及诈骗案件。

阅 阅想·心理

《幸福就在转念间: CBT 情绪控制术 (图解版)》

- 美国《健康》杂志权威推荐, 心理治疗师们都在用的、唯一一本 CBT 情绪治愈系图解书。
- 用视觉化的呈现方式, 幽默解读情绪的众生相, 有效帮助读者转变思维模式, 控制情绪。

- 两名作者共同创办了认知行为治疗学院和 City Minds，拥有丰富的经验，并运用认知行为治疗和焦点解决短期治疗法，开创了综合治疗法。

阅 阅想·生活

《谈钱不伤感情：影响夫妻关系的 5 种金钱人格》

- 世界上没有不合适的金钱人格，只有不会相处的夫妻。
- 生活中一切看起来让人抓狂的金钱决定皆因彼此不同的金钱人格。你的金钱人格塑造了你对金钱、对生活的看法。只有看清自己和对方的金钱人格，了解各自思考和处理金钱关系的方式，才能找到让夫妻关系日久弥新的好方法！
- 要记住为婚姻保驾护航，不仅需要呵护好爱情，更要维系好夫妻之间的金钱关系。

《让梦想照进现实：最受欢迎的 24 堂梦想训练课》

- 英国最受欢迎的梦想训练课，曾指导许多人达成了自己的梦想和愿望。
- 循序渐进的 24 堂梦想训练课，可用于自我管理、计划规划与执行等方面的培训。
- 随书附有梦想训练导图。

阅想官方微博：阅想时代

阅想微信公众号：阅想时代
（微信号：mindtimespress）

阅想时代　策划
Mind Times Press

Jeff Stibel. Breakpoint: Why the Web will Implode, Search will be Obsolete, and Everything Else you Need to Know about Technology is in Your Brain.

ISBN: 978-1-137-27878-4

Copyright © 2013 by Jeff Stibel.

Simplified Chinese version © 2014 by China Renmin University Press.

Authorized Translation of The Edition is Published by Palgrave Macmillan.

图书在版编目（CIP）数据

断点：互联网进化启示录 /（美）斯蒂贝尔著；师蓉译 .—北京：中国人民大学出版社，2014.10

ISBN 978-7-300-20128-3

Ⅰ.①断…　Ⅱ.①斯…　②师…　Ⅲ.①互联网络-研究　Ⅳ.①TP393.4

中国版本图书馆 CIP 数据核字（2014）第243785号

断点：互联网进化启示录

[美]杰夫·斯蒂贝尔　著

师蓉　译

Duandian: Hulianwang Jinhua Qishilu

出版发行	中国人民大学出版社	
社　　址	北京中关村大街31号	**邮政编码**　100080
电　　话	010-62511242（总编室）	010-62511770（质管部）
	010-82501766（邮购部）	010-62514148（门市部）
	010-62515195（发行公司）	010-62515275（盗版举报）
网　　址	http:// www. crup. com. cn	
	http:// www. ttrnet. com（人大教研网）	
经　　销	新华书店	
印　　刷	北京中印联印务有限公司	
规　　格	170 mm×230 mm　16开本	**版　次**　2015年1月第1版
印　　张	14.25　插页1	**印　次**　2015年1月第1次印刷
字　　数	136 000	**定　价**　49.00元